浙江省蔬菜育种专项子项目(赏食兼用型辣椒新品种选育)
衢州市农业科学研究院蔬菜瓜果食用菌研究所汪炳良专家工作站
衢州市科技计划项目(白辣椒抗TMV种质资源的创新及新品种选育)
衢州市科技计划项目(水生蔬菜品种选育及优质丰产栽培技术研究)

蔬菜标准化生产培训教材

蔬菜高产高效生产管理技术

章心惠　主编

中国农业出版社

编写人员名单

主　　编：章心惠

副 主 编：刘慧琴　郭勤卫

编写人员：项小敏　李朝森　赵东风

　　　　　郑江程　崔文浩　张　婷

　　　　　张富仙

前　言

　　浙江省衢州市属亚热带季风气候区。年平均气温为17.4℃。无霜期251～261天。四季分明，冬夏长、春秋短，光热充足、降水丰沛、气温适中、无霜期长，具有"春早秋短、夏冬长，温适、光足"的特征，为衢州市蔬菜产业的发展提供了有利的条件。近年来，衢州市积极推动蔬菜产业提升，蔬菜产业持续壮大，已成为农业增效和农民增收的主渠道。在此背景下，本书着眼于大棚蔬菜生产基础知识、蔬菜高产高效生产管理技术及种植模式，具有很强的实践指导作用。

　　本书核心是衢州市蔬菜生产管理技术，通过长期在生产技术一线从事蔬菜生产人员的敏锐洞察力，采用文献阅读、亲身实践、走访调研等多种方式，了解衢州市目前蔬菜种植的基本情况，并熟悉目前各类蔬菜主导品种。在此基础上，本书详细阐述大棚蔬菜生产管理的基础知识、各蔬菜主导品种、高效生产管理技术及种植模式。对推进衢州市蔬菜产业的"提质增效，促农增收"具有重大的实践和指导作用，可供蔬菜生产、教学、管理和技术推广者阅读参考。

　　本书得到了浙江省蔬菜育种专项子项目（赏食兼用型辣椒新品种选育）、衢州市农业科学研究院蔬菜瓜果食用菌研究所汪炳良专家工作站、衢州市科技计划项目（白辣椒抗 TMV 种质资源的创新及新品种选育、水生蔬菜品种选育及优质丰产栽培技术研究）大力支持，也参考与借鉴了许多专家的研究成果，在此表示衷心的感谢！

　　由于时间和水平所限，不足之处在所难免，敬请大家批评指正。

编　者
2016 年 8 月

目 录

第一章
大棚蔬菜生产基础知识

　　蔬菜生长发育需要一定范围的温度、光照、水分、空气、土壤营养等环境条件，这些环境条件相互影响、相互作用，共同构成了蔬菜生长发育的环境条件。只有了解各种蔬菜对这些条件的具体要求，并进行合理利用和科学管理，才能使大棚蔬菜生产达到理想的目的。

第一节　大棚蔬菜温度管理

一、蔬菜对温度的要求

　　温度对蔬菜的生长发育及产量形成有着重要的作用。各种蔬菜对温度都有一定的要求，都有温度的三基点：最高温度、最适温度和最低温度。在最适温度下，蔬菜的同化作用旺盛，生长良好，能获得更高的产量；当超过最高温度或最低温度，生理活动就会停止，甚至死亡。因此，蔬菜在最适温度条件下，光合作用最强，生育最快，品质最好。

　　根据蔬菜对温度的不同要求，蔬菜可以分为以下

5类：

一是耐寒的多年生宿根蔬菜，如茭白、藕、黄花菜等，它们的地上部分能耐高温，但到了冬季地上部分枯死，而以地下的宿根越冬，能耐0℃以下的低温。

二是较耐寒的一、二年生蔬菜，如大葱、大蒜、韭菜、菠菜以及白菜的某些品种，这些蔬菜同化作用最旺盛的温度为15～20℃，但能耐0℃左右的低温。

三是半耐寒的蔬菜，如胡萝卜、萝卜、莴苣、芹菜、豌豆、蚕豆、甘蓝、大白菜等，它们同化作用最旺盛的温度为17～20℃。超过20℃时，同化能力减弱；超过30℃时，同化作用所积累的物质几乎全为呼吸所消耗。这些蔬菜不能长期忍耐0℃以下的低温。

四是喜温的蔬菜，如番茄、樱桃番茄、茄子、辣椒、菜豆、黄瓜等。这些蔬菜最适宜的同化温度为20～30℃。当温度超过40℃时，则生长几乎停止；而当温度在15℃以下则授粉不良，会引起落花落果。

五是耐热的蔬菜，如南瓜、丝瓜、冬瓜、甜瓜、西瓜、豇豆等。这些蔬菜同化作用最旺盛的温度为30℃左右。其中，西瓜、甜瓜、豇豆等在40℃高温下仍能生长。

各种蔬菜在大棚栽培中对温度的要求不一，同一种蔬菜在不同生长发育阶段对温度的要求也不同。种子发芽期，一般需要较高的温度，以利于胚芽萌发。出土前，保持较高的温度以使其快速出土；出土后，发生第一片真叶前，应适当降温，温度过高易形成高脚苗。幼苗期生长最适温度，通常比种子发芽期的最适温度低些；营养生长期要求的温度比幼苗期要稍微高些；生殖生长期要求较高的温度；种子成熟期，又要更高的温度；休眠期则要求低温。

除气温外，地温也是影响蔬菜生长发育、产量和品质的重要因素。一般规律是，对气温要求较高的蔬菜，对地温的要求也较高；在一定的温度范围内，地温越高，作物的呼吸作用越旺，根系的呼吸能力也越强。

二、大棚中的温度条件

(一)温度变化规律

大棚内气温变化一般是日出后棚内气温逐渐上升，到下午1时左右气温达到最高值；而后随着棚外气温下降，棚内温度也逐渐下降，一般第二天日出前棚内温度达到最低值。棚内容积越小，白天温度升高得快，下降得也越快，则日夜温差越大；而棚内容积越大，则日夜温差相对越小。

大棚中的地温日变化规律与气温相似，但地温比气温稳定。最高地温出现时间比最高气温出现约晚2小时，而最低温出现的时间要短一些。表层地温变化大，而深层地温变化小。

(二)逆温现象

聚乙烯膜覆盖的大棚，在冬季有微风晴朗的夜晚，棚内顶部温度有时会出现比棚外低的现象叫逆温现象。原因是夜间棚外气温高处比低处高，由于风的扰动，棚外近地面处可从上层空气中获得热量补充，而大棚内由于覆盖物的阻挡，得不到这部分热量；冬天白天阴凉，土壤储藏热量少，加上聚乙烯膜对长波辐射率较高，保温性略差，地面有效热辐射大、散热多，从而造成棚内温度低于棚外的现象。由于逆温现象的出现仅限于棚顶气温，棚内地温仍比外界高，而逆温出现时间又很短，多数情况下，危害程度很轻。

三、温度的调控

（一）增温措施

1. 选择优质 EVA 消雾膜或多功能农膜，提高保温效果 EVA 膜或多功能农膜有较强的透光和保温性能，且强度大、耐老化。EVA 消雾膜为 3 种不同的薄膜复合而成：内层为无滴保温膜，中层为长寿膜，外层为软质防尘膜。它对土壤逆辐射出的红外线有较强的阻隔能力，可使棚温增高 1～2℃。

2. 提早覆膜 可增加深层土壤的热量储存。

3. 多层覆盖 覆盖采用大棚、中棚、小棚覆盖提高棚温；或小棚上再覆盖草帘、无纺布、遮阳网等。另外，可在大棚周围设置风障。

4. 实行地膜覆盖 一般可使地温提高 2～3℃。

5. 增施有机肥料 可以提高地温，因为增施有机肥料可提高土壤中微生物活动力，能使有机肥料进一步分解而产生热量。

6. 利用电热加温线提高地温 一般 12 月育苗可利用电热加温线加热。

7. 加强大棚保温管理 尤其在寒冷季节，少通风，晚揭早盖。

覆膜时裙膜与顶膜要重叠约 30 厘米，裙膜着地 20 厘米并用土压实。要及时修补破膜。

（二）降温措施

1. 通风是降低棚温、预防高温危害的主要措施。通风期间，通风口的大小和时间长短应根据天气条件、作物状况灵活掌握。

2. 采用遮阳材料（如遮阳网）减少大棚的受光量，从而达到降温目的。

3. 在地温过高时，可以用灌冷凉水的办法来降低地温。

第二节　大棚蔬菜光照管理

一、蔬菜对光照的要求

（一）根据蔬菜对光照强度的要求不同

一般可分为以下 3 类：一是对光照强度要求较高的蔬菜。如瓜类蔬菜、茄果类蔬菜、豆类蔬菜、芋、藕等。二是对光照强度要求中等的蔬菜。如洋葱、大蒜、韭菜、萝卜、胡萝卜、白菜、甘蓝等。三是对光照强度要求较弱的蔬菜。如芹菜、菠菜、茼蒿、莴苣、生姜等。

（二）根据蔬菜对光照时间的要求不同

一般可分为以下 3 类：一是长光性蔬菜。在较长的光照条件下（12～14 小时以上）促进开花；在较短的光照条件下延迟开花或不开花。如甘蓝类蔬菜、白菜类蔬菜、芥菜、萝卜、胡萝卜、芹菜、菠菜、莴苣、蚕豆、豌豆、大葱、大蒜等。二是中光性蔬菜。对光照长短的反应不敏感，较长或较短的光照条件下都能开花。如番茄、辣椒、甜椒、菜豆、早毛豆、黄瓜等。三是短光性蔬菜。在较短的光照条件下（12～14小时以下）促进开花，长光照条件下延迟开花或不开花。如瓜类蔬菜、豇豆、毛豆、四季豆、苋菜等。

在大棚蔬菜生产上，对散射光的作用不可忽视，在某种程度上讲，它比直射光更为重要。这是因为，散射光中的红光和黄光占50％～60％，而直射光中的红光和黄光只占37％。所以，散射光对光合作用成效更大，更有利于蔬菜高产优质。

二、大棚中的光照条件

大棚内光照主要取决于棚外太阳辐射强度、覆盖材料的光学特点和污染程度。新膜的透光率为80％～85％；被尘土污染的旧膜透光率低于40％；膜内面凝聚水滴，由于水滴的漫射作用，可使棚内光照减少10％～20％；棚架、压膜线以及搭架的架材会偏光。因此，棚内的光照强度始终低于棚外的光照。

棚内的光照强度是上强下弱，棚架越高，近地面的光照也越弱。

棚内水平方向不同位置的光照强度也有差异：南北走向的大棚里，上午东侧光照强度大，西侧小，下午则相反；全天两侧差异不大，但东西两侧与中间有一弱光带。东西走向的大棚里，平均光照强度高于南北走向的大棚。但棚内南侧光照强度明显高于北侧。南北最大可能相差

20%左右，水平分布明显不均。

三、光照的调控

(一) 增加光照强度，延长光照时间

1. 改善采光条件

（1）确定大棚的走向，一般大棚按南北走向搭建，使大棚全天受光均匀，作物生长整齐。

（2）采用透光率高的薄膜，保持薄膜清洁。同时，经常排出膜内面凝结的水滴，最好选用 EVA 消雾膜。

（3）在有利保温的前提下，应尽早揭开覆盖物，延长受光时间。采用多层覆盖的，在白天及时把内层覆盖揭开。

（4）在保证大棚稳固的前提下，尽量选用刚性强和遮光面小的材料。如钢管大棚，以减少棚内的遮阳。

2. 蔬菜要合理布局，减少株间遮阳　在栽培上，应选择较耐弱光的品种，种植密度要适当。随时摘除老叶、黄叶、病叶等无效叶片，及时整枝、打杈、摘顶、绑蔓等，以充分利用棚内的有限光照。

(二) 遮光

在软化栽培、扦插育苗以及某些蔬菜分苗后，为促使成活和加速缓苗或进行光周期处理，需要适当遮光。此外，在炎热的夏季，夏菜延后、秋菜育苗、秋菜提早栽培、伏菜栽培等，通常采用覆盖遮阳网等遮阳物，以达到降温和减弱光照强度的目的。

第三节 大棚蔬菜水分管理

一、蔬菜对水分的要求

蔬菜对水分的要求因种类而异。根据对水分的要求，可分为地下部分根系对土壤水分的要求和地上部分植株对空气湿度的要求两个方面。

蔬菜对土壤水分的要求见表1。

表1 蔬菜对土壤水分的要求

蔬菜种类	植物特性	对土壤水分的要求
白菜、甘蓝、芥菜、黄瓜及绿叶菜类蔬菜	消耗水分多，根吸收力弱，叶面积大，根入土不深	需较高的土壤湿度，栽培时，选择保水力强的土壤，经常灌溉
甜瓜、西瓜、苦瓜等	消耗水分不多，根的吸收力强，叶大但有裂刻或茸毛，根系发达，抗旱能力强	较小的土壤湿度也适应，栽培时可少量灌水或不灌水
葱、蒜、芦笋等	消耗水分、吸水能力弱，叶面积小并有蜡质，根系入土浅且分布范围小	较高的土壤湿度，对土壤水分较严格
茄果类蔬菜、豆类蔬菜、根菜类蔬菜	消耗水分、吸水能力均为中等，叶面积中等	适中的土壤湿度，中等程度灌溉
茭白、荸荠、藕、慈姑	消耗水分快、吸收水分弱，植株大部分或全部浸在水中	经常蓄水的田地或多雨潮湿的条件

二、大棚内湿度的调控

大棚空气湿度过大，不仅直接影响植株的光合作用和对矿物质营养的吸收，而且有利于部分病菌滋生和蔓延。因此，在大棚生产中，湿度调控主要是降低空气湿度。

不同蔬菜对空气相对湿度的要求见表2。

表2 不同蔬菜对空气相对湿度的要求

类型	蔬菜种类	适宜相对湿度（％）
较干燥型	南瓜、甜瓜、葱、蒜、胡萝卜、西瓜	45～55
较低湿型	茄果类蔬菜、豆类蔬菜（除蚕豆、豌豆）	60～70
中等湿型	黄瓜、马铃薯、蚕豆、豌豆、根菜	75～80
较高湿型	芹菜、绿叶菜、水生蔬菜	85～90

控制水分的措施：

一是通风换气。要适时进行通风，促进棚内高湿空气与外界低湿空气交换，可有效降低棚内相对湿度。高湿季节要早通风、大通风、晚闭棚。不仅晴天要通风，阴天也要利用中午棚外温度高时进行短时通风。一般每次浇水后，在不影响温度条件的情况下，都要加大通风量，将湿气排出棚外，换入外界的干燥空气，降低棚内空气相对湿度。

二是浇水。适时适量浇水，避免夜晚浇水、阴雨天浇水、寒潮来临前浇水。浇水宜在晴天上午进行，这样可在中午通风换气时，降低部分空气湿度，减轻其危害。

三是地膜覆盖。可减少土壤水分蒸发，有明显降低空气湿度的效果。

四是滴灌技术。采用滴灌结合深沟高畦地膜覆盖栽培，这样既能增加土壤湿润，又能降低空气湿度（可降低20％左右），是促进蔬菜生长、控制病害发生的有效办法。

第四节　大棚蔬菜气体管理

一、蔬菜对气体的要求

蔬菜生长发育既需要氧气进行呼吸作用，又需要二氧化碳进行光合作用。蔬菜产品中的干物质，含有约50％的碳，是蔬菜利用二氧化碳进行光合作用获得的。蔬菜时时刻刻都进行着呼吸作用，这就需要有足够的氧气，蔬菜根系呼吸也同样需要氧气。若把空气中二氧化碳的浓度由300微升/升提高到1 000微升/升，光合效率可增加1倍以上；反之，若将二氧化碳的浓度下降到50微升/升，光合作用则几乎停止。这时植物消耗自身积累的营养物质，最终导致作物饥饿而死。

一般光合作用较适宜的二氧化碳浓度为1 000微升/升左右，而大气中二氧化碳的实际含量只有300微升/升。因此，在无机营养供应充分、光照和温度条件能相适应、光合作用旺盛的情况下，适当进行人工补充二氧化碳，就可以促进光合作用，提高蔬菜产量。

蔬菜根系、叶面进行呼吸作用所需的氧气是从空气中得到满足的。当土壤渍水而造成缺氧时，根部会窒息，地上部萎蔫，生长停止。因此，在栽培蔬菜时，一定要注意疏松土壤、不要渍水。

此外，有些气体的存在会对蔬菜产生毒害作用，如一氧化碳、二氧化硫、氨气等有毒气体。

二、气体的调控

(一)二氧化碳的调节

当大棚中的二氧化碳减少时，除进行通风换气外，还可用人工进行补充。增施二氧化碳气肥的效果与温度、光照等条件密切关系。在低温弱光的条件下，提高二氧化碳浓度，效果不太明显。光照强度大，二氧化碳浓度升高，蔬菜光合作用增强，同化量就增多。不同的蔬菜对二氧化碳的浓度要求也不一样。如番茄、菠菜等可增加到 1 000 微升/升浓度，黄瓜为 1 500 微升/升；浓度再高时，作用甚小。

(二)氧气的调节

主要是通过通风换气来实现。关键问题是要保持土壤中有一定含量的氧气，使根系呼吸作用增强，发育好，有利于对养分和水分的吸收，促进地上部分的生长。增施腐熟有机肥料，改善土壤团粒结构，防治大水漫灌，减少土壤板结，使土壤疏松、透气性好。

(三)有毒气体防治措施

1. 科学施肥 大棚蔬菜施肥，应以充分腐熟有机肥料为主，适当增施氮肥、磷肥、钾肥，并坚持以施足基肥。适时追肥，追肥要严格按照"少量多次"的原则，防止施重肥，施浓肥，严禁使用碳酸氢铵做追肥，苗期不宜追施人粪尿和尿素。

2. 通风换气 利用中午气温较高时，揭开腰档以上大棚膜，使空气流通（注意冬季低温季节禁止开门与拉下裙膜通扫地风）；即使在阴天或雨天，也要在中午进行短时间的通风换气，以尽可能减少棚内有害气体，降低空气湿度。

3. 补救措施 发现大棚蔬菜遭受二氧化硫危害，及时喷洒石灰水、石硫合剂或 0.5%合成洗涤剂溶液；黄瓜遭受氨气危害，在叶的背面喷洒 1%的食醋溶液，均有明显效果。

第五节　大棚蔬菜土壤营养管理

一、大棚蔬菜对土壤营养的要求

大棚蔬菜种类较单一，生长期长，重茬多，产量高，对土壤营养条件要求比较高。第一，土壤要高度熟化，有较厚的有机质积累层，腐殖质含量不低于 2%～3%，熟土层厚度不低于 30 厘米。第二，土壤结构要疏松，有较好的保水、保肥、供氧能力。第三，土壤的酸碱度要适中，大多数蔬菜作物最适 pH 为 6.0～6.8，即在微酸性的土壤中生育良好，酸度过高的土壤中含有较多的铁离子和铅离子，这些金属离子对作物有毒害作用。第四，稳温性好，蔬菜要求土壤有较大的热容量和导热率，温度变化比较稳定。第五，营养含量高，保肥供肥能力强。第六，土壤卫生，无病虫寄生，无污染性物质的积累。

不同种类或同一种类处于不同发育阶段的蔬菜，对土壤中氮、磷、钾等多种营养元素的吸收量不同。一般蔬菜在幼苗期需要氮元素量较多，而在器官形成期，除氮外，其他营养元素的种类和数量也要求相对增加；叶菜类蔬菜除需大量的氮素外，还需要一定数量的磷和钾；根菜类、茎菜类蔬菜需氮较少，而需较多的钾和适量的磷；果菜类蔬菜需氮量稍少，而对磷的需要量则大大增加。

蔬菜除上述主要营养元素外，还需要钙、镁、硫、铁等常量元素，以及硼、锰、铜、锌、钼等微量元素。

二、大棚中的土壤营养条件

建设塑料大棚时，应选择条件较好地块，即土层深厚、肥沃、松软的轻壤土、沙壤土，排灌方便，以满足多种蔬菜生长发育的需要。即使因环境条件的限制，没有熟化的土壤，但大棚的面积较小，通过精细耕作、土壤改良、培肥地力，则棚内的土壤条件仍可优于露地土壤条件。大棚土壤的不利条件是，因蔬菜的生长期长，往往在特定的季节生产；经常栽培有限的几种蔬菜，形成高度的连作栽培方式；同时，施肥量多，施用同一种肥料的现象较为普遍；加上大棚中的肥料很少受雨水冲刷流失，剩余的肥料和盐类会逐渐上移，积聚在土壤表层，造成土壤溶液浓度的增高，影响蔬菜的生长发育。此外，多年连作后土壤病菌和虫卵的累积，从而引起蔬菜病虫害的发生。

三、土壤营养的调控

（一）土壤盐害的防治

解决大棚盐类积聚引起的土壤溶液浓度障碍应从预防着手，主要措施：

一是进行土壤分析测定，做到合理施肥。

二是坚持多施有机肥料。增施有机肥料，提高土壤有机质含量，可以增强土壤的代换能力和蓄水能力，减轻盐害。

三是在施用化肥时，应当注意化肥的质量、数量、种类和施肥方式。

四是以水排盐。大棚土壤溶液浓度偏高时，可利用夏季休闲季节，采用大水漫灌的方法，使土壤中的盐类物质溶于水并排出，或在梅雨季节揭去棚膜，通过降雨淋滴减轻其危害。

五是选用耐盐性较强的蔬菜。蔬菜的种类不同，耐盐的程度也不同。一般来说，瓜类蔬菜（除黄瓜外）耐盐性较强，均可在 0.25%～0.3%的盐（碱）土中生长；其次是芹菜、韭菜、蚕豆、菠菜；耐盐较低的是菜豆，只能在 0.1%的盐土中生长。

（二）土壤酸化的防治

大棚土壤酸化发生，不仅直接影响蔬菜正常生长，而且还引起生理性病害的发生，并且导致土壤容易板结。降低土壤酸度的有效办法是增施有机肥料和石灰。据试验，酸性菜园土用石灰后，有利于保水、保肥，产量也得到提高。一般亩*施 50～100 千克石灰的处理，花椰菜增产5%～6%，莴笋增产 4%～8%，小白菜增产 40%左右。

（三）科学施肥

科学施肥是提高土壤肥力保证蔬菜优质高产的最重要的措施之一。各种蔬菜对施肥及肥料的成分要求不同。同

---

* 亩为非法定计量单位。1 亩＝1/15 公顷。

种蔬菜在不同的生育阶段对肥料的要求也不一样，同种蔬菜不同的产量水平需肥量也不同。几种主要蔬菜产量与氮、磷、钾的关系见表3。但在实际施肥时，要考虑土壤的固定、流失和挥发损失，一般施肥量比作物对养分的吸收量要大。例如，氮素应为吸收量的1～2倍，磷素为吸收量的2～6倍，钾素为吸收量的1.5倍。

表3　几种主要蔬菜吸收氮、磷、钾元素的数量

蔬菜名称	产量（千克/亩）	吸收量（千克/亩）			氮磷钾总吸收量（千克/亩）
		氮（N）	磷（P_2O_5）	钾（K_2O）	
黄瓜	6 250	10.45	6.0	10.45	26.90
番茄	6 250	18.75	2.45	32.0	53.20
茄子	4 750	14.0	3.0	22.75	39.75
四季豆	850	8.75	3.75	8.2	20.7
春甘蓝	2 800	12.65	3.05	10.15	25.85
白菜	7 500	16.4	7.5	21.5	45.40
芹菜	2 250	8.0	3.2	13.2	24.40
菠菜	1 200	6.75	2.2	5.45	14.40
莴笋	1 500	3.75	1.75	6.75	12.25
花椰菜	3 000	14.2	8.0	16.75	38.95
洋葱	3 600	4.8	2.25	8.15	15.20

由于大棚结构及其小气候的特殊性，在施肥上形成以下特点：一是追肥时禁用挥发性化肥；二是不能施用未腐熟的有机肥料尤其是未腐熟的饼肥、鸡粪、人粪尿等；三是尽量少施或不施副成分高的化肥（如氯化钾等）；四是强调多施有机肥料，这对提高土壤肥力、防治盐害和增加

二氧化碳含量效果明显；五是施肥后土壤要浇足水分，覆膜3～5天再种植以免肥料伤苗。

　　腐熟的农家肥适宜做基肥，一般亩用量3 000千克以上。化肥因为有效成分含量高、速效，常被用来追肥或基肥。追肥时最好随水浇施，大棚里不能地面撒施，也不宜做种肥。碳酸氢铵因易挥发出氨气，所以不宜在大棚追施。过磷酸钙主要用于做基肥，也可做追肥施用。氯化钾做追肥，但应严格控制用量，以防土壤溶液浓度升高。多元复合肥是较好的化肥，可根据蔬菜的需要选用。微肥因用量小，多做叶面喷施，也有在土壤中施用或用来拌种。

　　使用化肥时，避免连续使用单一种类的化肥。根据蔬菜需氮、磷、钾等营养元素和土壤缺营养元素的实际状况，以及根据土壤分析和叶片营养诊断技术来指导蔬菜施肥量，努力做到科学、合理、安全、高效地使用肥料。

第二章
蔬菜主要病虫害防治

第一节 蔬菜主要病害防治

一、病毒病

（一）为害症状

大白菜等叶菜类蔬菜感染病毒病后，受害幼苗心叶明脉、失绿，呈花叶或皱缩。成株受害后，叶片皱成团，硬而脆，植株矮化、畸形、不结球等。茄科及瓜类蔬菜受害叶片明显花叶，新叶变小，叶形细长狭窄，扭曲畸形，下部叶片卷缩，果实小而质劣，果面下陷不平等。

（二）发病规律

此病主要是蚜虫为传播媒介。高温干旱时，蚜虫带毒率高，有利于发病。

（三）防治技术

1. 农业防治 选用抗病品种、适时播种，及时防治蚜虫，注意种子消毒、提高栽培技术，加强肥水管理。

2. 药剂防治 可用20％病毒A或20％病毒K500倍液喷雾。

二、青枯病

(一) 为害症状

该病是为害茄科蔬菜为主的细菌性病害。幼苗期不表现病害症状。成株后开始发病，症状表现为叶片萎蔫先从上部叶片开始，发病初始叶片中午萎蔫，傍晚、早上恢复正常，反复多次，萎蔫加剧，最后枯死，但植株仍为青色。病茎中、下部皮层粗糙，常长出不定根和不定芽，病茎维管束变黑褐色，但病株根部正常。

(二) 发病规律

此病以土壤带菌为多。高温高湿条件下发病严重，尤以土温升高到 20℃ 以上易发此病。衢州市发病初期大棚在 4 月上旬，露地在 5 月上旬。雨天多，湿度大，土壤含水量高，发病急剧上升。此病与土壤酸碱度有关，pH 在 5.2 以下时发病重，低畦积水发病重。

(三) 防治技术

1. 农业防治　实行 3 年以上轮作，最好是水旱轮作，选用抗病品种，发现病株及时拔除，深沟高畦，调节土壤酸碱度。

2. 药剂防治　发病初期用 3‰ 中生菌素可湿性粉剂，或新植霉素 1 500～2 000 倍液，或铜制剂液喷根基部。

三、苗期猝倒病、立枯病

(一) 为害症状

猝倒病、立枯病是茄科、葫芦科等蔬菜苗期的主要病害。猝倒病初发症状：幼苗茎部近地面处呈水渍状病斑，接着茎基部变黄褐色，溢缩成线状即猝倒，子叶凋萎死亡。高温高湿苗床内地面会长出一层灰白色棉絮状物菌丝体。立枯病发生在幼苗出土时或大苗，茎基部产生出水渍状椭圆形暗褐色病斑，早期病苗白天萎蔫，晚上恢复，2～3 天后病斑逐渐凹陷，扩大后绕茎一周收缩，造成植株幼苗死亡，但不倒伏。病部常有淡褐色蜘蛛网状霉，有时也会产生不明显的白色棉絮状霉层。

（二）发病规律

此病主要发病原因是播种过密，苗床淋水过大，特别是刚出苗时经常浇水，苗床温度变幅大，阴雨时间长，光照不足。

（三）防治技术

1. 农业防治 合理稀播，播种后浇足底水，出苗转青前尽量不要浇水，催芽播种应先浇足底水再播种覆盖籽土不再浇水。夏季遮阳保湿，低温时盖膜保湿。

2. 药剂防治 用 2.5％咯菌腈悬浮种衣剂 500 倍拌种，或 70％敌磺钠可湿性粉剂 500 倍液苗床清毒；苗期用 30％恶霉灵水剂 600 倍液，或 72.2％霜霉威水剂 600 倍液对水喷雾。

四、霜霉病

（一）为害症状

该病主要为害黄瓜、西葫芦、南瓜等葫芦科蔬菜叶片，苗期发病，子叶上起初出现褪绿斑，逐渐呈黄色不规则形斑，潮湿时子叶背面产生灰黑色霉层，随着病情发展，子叶很快变黄、枯干。成株期发病，叶片上初现浅绿色水浸斑，扩大后受叶脉限制，呈多角形，黄绿色转淡褐色。后期病斑汇合成片，全叶干枯，由叶缘向上卷缩，潮湿时叶背面病斑上生出灰黑色霉层，严重时全株叶片枯死。

（二）发病规律

病菌通过气流和雨水传播。气温 16～20℃，叶面结露或有水膜是霜霉病侵染的必要条件。气温 20～26℃、空气相对湿度 85% 以上，是霜霉病菌生长的最适条件。因此，气温忽高忽低，昼夜温差大，加上多雾、有露、阴雨及田间湿度大时易引发病害流行。瓜类蔬菜春季栽培一般 4～6 月，秋季栽培一般 9～11 月上旬为害较重。

（三）防治技术

1. 农业防治 加强管理，培育无病壮苗，生产前期应控制浇水，加强通风、降低湿度变温管理，高温闷棚杀菌，在中午密闭大棚 2 小时左右，使植株上部温度达到 44～46℃，可杀死棚内的霜霉菌，每隔 7 天进行 1 次。

2. 药剂防治 发病初期可用 64% 恶霜灵锰锌可湿性粉剂 500 倍液，或 75% 百菌清可湿性粉剂 600 倍液，或 58% 甲霜灵锰锌可湿性粉剂 500 倍液，或 72% 代森锰锌加霜脲氰可湿性粉剂 600 倍液等药剂交替喷雾防治，视病情每 7～10 天一次，连续2～3 次。

五、枯萎病

（一）为害症状

枯萎病由镰刀菌侵害植物维管束组织而发生。主要为害黄瓜、西瓜、辣椒、茄子、番茄等蔬菜。其典型症状是植株萎蔫。发病初期，病株叶片自上而下逐渐萎蔫，状似缺水，到中午前后，萎蔫症状更为明显，但早晚温度低、湿度大时仍能恢复。经数天后，病情加重，全株枯萎下垂，甚至死亡。在番茄、茄子、辣椒等蔬菜上常出现植株一侧发病，另一侧正常的"半边枯"的现象，在同一叶片上也会看到一半发黄、另一半正常的情形。观察病株基部，可发现水渍状病斑，后变为黄褐色或黑褐色，切开颈部还可看到维管束变褐。

（二）发病规律

病菌经土壤传播，也可由种子带菌发生。病菌潜伏期长，防治难度大。凡土质黏重，地势低洼，地下水位高，排水不良，通风性能差的农田较易发生；氮肥过量，磷肥、钾肥不足或施用未经腐熟的禽畜粪肥也易发生。发病盛期一般在 5～6 月，大棚在 4～6 月较为严重。

（三）防治技术

1. 农业防治　实行水旱轮作，这是最基本的防治措施，轮作周期应长达 3 年以上；深沟高畦，降低地下水位；合理增施磷肥、钾肥；播种育苗时可行床土消毒和种子消毒，做到无病先防。

2. 药剂防治　在发病初期进行药物浇根灭菌，50％多菌灵可湿性粉剂 500 倍稀释液，或氢氧化铜 46％水分散粒剂可湿性粉剂 600～800 倍稀释液。每 5～7 天浇根一次，连浇 3～4 次。

六、早疫病

（一）为害症状

茄果类蔬菜早疫病是一种真菌性病害，在春季蔬菜生产上十分常见。该病在苗期和成株期均可发生，主要为害叶子、茎秆和果实。病菌侵染叶片后，起初呈针尖大小的小黑点，不久即扩展成为具轮纹的病斑。在病斑边缘一般具有浅绿色或黄色晕环病斑，中部为具同心轮纹。茎秆上染病后一般在分叉处产生褐色至深褐色不规则圆形或椭圆形病斑，病斑表面有灰黑色霉状物。叶柄发病时也产生椭圆形轮纹斑，深褐色或黑色。果实上一般从叶萼附近开始发病，起初为椭圆形，或不定形褐色，或黑色斑。明显凹陷，到了后期果色开裂病变部位变硬并着生黑色霉层。

（二）发病规律

此病大棚育苗发病一般在植株 4～5 叶期开始，棚内温度高、湿度大易发病，要早预防。大田发病多在初花期或结果期，多雨、多雾的梅雨季节是大发生的时期，发病最适温度 28～30℃，相对湿度 85％以上。

（三）防治技术

1. 农业防治　选用抗病品种；温水浸种消毒；大棚要及时通风换气，降低棚内温湿度；合理密植，增加光照。

2. 药剂防治　始发病期用氢氧化铜 46％水分散粒剂可湿性粉剂 900～1 000 倍液，或 75％百菌清可湿性粉剂600～800 倍，或代森锰锌可湿性粉剂 500～700 倍液喷雾。

七、番茄叶霉病

（一）为害症状

番茄叶霉病在番茄的叶、茎、花、果实上，都会出现的症状，但是常见主要为害叶片，严重时也为害茎、花和果实。叶片发病，初期叶片正面出现黄绿色、边缘不明显的斑点，叶背面出现灰白色霉层，后霉层变为淡褐至深褐色；湿度大时，叶片表面病斑也可长出霉层。病害常由下部叶片先发病，逐渐向上蔓延，发病严重时霉层布满叶背，叶片卷曲，整株叶片呈黄褐色干枯。嫩茎和果柄上也可产生相似的病斑，花器发病易脱落。果实发病，果蒂附近或果面上形成黑色圆形或不规则斑块，硬化凹陷，不能食用。

（二）发病规律

病菌以菌丝体或菌丝块在病残体内越冬，也可以分生孢子附着在种子表面或菌丝潜伏于种皮越冬。翌年条件适宜时，从病残体上越冬的菌丝体产生分生孢子，以气流传播引起初侵染，另外，播种带菌的种子也可引起初侵染。该病有多次再侵染，病菌萌发后，从寄主叶背面的气孔侵入，菌丝在细胞间蔓延，并产生吸器伸入细胞内吸取水分和养分，形成病斑。环境条件适宜时，病斑上又产生大量分生孢子，进行不断再侵染。病菌也可从萼片、花梗的气孔侵入，并能进入子房，潜伏在种皮上。番茄叶霉病菌的致病性分化最为繁杂、也最复杂，存在许多生理小种。这给抗病育种和抗病品种的使用带来很大困难。

（三）防治技术

1. 农业防治　选用抗病品种，如浙江省农业科学院浙杂 203、浙粉 202、浙粉 702 等高抗叶霉病品种；种子消毒，播种前用 55℃温水浸种 15 分钟；轮作，实行 2 年以上轮作；加强水分管理，过干之后高湿会加重病蔓延。

2. 药剂防治　发病初期先摘除病叶，然后隔 7～10天用药一次，连喷 2～3 次。药剂用 47％春雷霉素·王铜可湿性粉剂 600～800 倍，或 70％代森锰锌可湿性粉剂 500～600 倍，或 50％多菌灵可湿性粉剂 500～700 倍，或氢氧化铜 46％水分散粒剂 800～1 000 倍液喷雾。

第二节　蔬菜主要虫害防治

一、蚜虫

蚜虫俗称蚰虫，衢州本地为害蔬菜主要有菜缢管蚜（萝卜蚜）、桃蚜、豆蚜、棉蚜等，而以桃蚜、棉蚜、萝卜蚜为主。主要为害青菜、白菜、大白菜、黄芽菜等十字花科及豆类、茄类、瓜类等蔬菜。蚜虫种类多达 20 多种。

（一）为害症状

蚜虫为害蔬菜主要吸食作物嫩绿部位的汁液，并以群集在顶端取食汁液为多，在夏季高温季节和深秋时多转向下部叶片为害。被害作物叶色淡黄、脱水、萎垂，较严重的叶片枯黄、干瘪、叶片卷曲、甚至塌地枯死。

（二）发生规律

此虫一年可以发生 30～40 代，世代重叠，食性杂乱，为害严重，各种虫态并存，繁殖速度快。全年有两个发生高峰，4 月中旬至 6 月上旬以及 8 月下旬至 11 上旬。

（三）药剂防治

10％吡虫啉乳油 1 500 倍，或 20％啶虫脒可溶粉剂 1 500 倍，或 1.8％阿维菌素乳油 1 000 倍。

（四）注意事项

蚜虫是传染病毒病的媒介，要求防治及时，减少传毒媒介以控制病毒病发生；施药要喷雾均匀，特别要注意叶的背面；为防止农药产生抗性，必须交替施用。

二、菜青虫

（一）为害症状

该虫1～2龄幼虫取食叶背叶肉，3龄以后转入叶面取食，啃食成小孔洞，4～5龄进入暴食，占一生食量的80%，可将叶菜吃成大孔洞，甚至仅剩下叶脉和叶柄。甘蓝只留叶球。

（二）发生规律

此虫一年发生7～8代，有两个高峰：第一代始蝶"菜粉蝶"，春末夏初4～6月一个高峰，夏末秋初8～10月一个高峰。此虫发生不整齐，世代重叠，各种虫态并存。最适温度20～25℃，相对湿度70%～80%。

（三）药剂防治

药剂用1.8%阿维菌素乳油1 000～1 500倍，或5%抑太保1 500～2 000倍，或BT 500～600倍。

三、小菜蛾

（一）为害症状

该虫主要取食叶背叶肉，高龄幼虫有时也会在叶面取食。被害叶片叶背被啃食成筛网状，仅留叶脉和下表皮。

（二）发生规律

此虫一年发生9～10代，每年有两个峰盛期：一是4～6月，但为害不严重，主要是越冬残留虫源；二是9～11月，为害严重。最适发生温度为20～30℃。

（三）药剂防治

用20％氯虫苯甲酰胺悬浮剂1 500～2 000倍；1.8％阿维菌素乳油1 500～2 000倍；5％抑太保1 000～2 000倍液。

四、斜纹夜蛾

（一）为害症状

该虫子1～2龄群集叶背啃食叶肉，不分散，啃食成筛网状。3龄以后开始分散暴食叶片。叶片被害成大缺口仅剩叶脉和茎，杂食性（特别喜食毛芋、藕、空心菜等）。

（二）发生规律

此虫长江流域一年发生6～8代，常以秋季3～5代为害严重。7月中、下旬第三代虫是以后各代的主要虫源，为害最重。此虫喜高温，以南方迁飞为主，最适温度29～30℃。

（三）药剂防治

1. 农业防治　在蔬菜地周围种几块地毛芋引诱成虫群集产卵，幼虫在3龄前利用集中为害特性摘除销毁，如发生量属中等年份可在为害中心1平方米内采取点治，不必全面用药。

2. 药剂防治　用2％甲维盐乳油2 000～3 000倍；20％氯虫苯甲酰胺悬浮剂1 500～2 000倍；1.8％阿维菌素乳油1 500～2 000倍。

（四）注意事项

以3龄以前用药防治，用药时间宜在傍晚太阳快落山时为好；喷药必须接触虫体，尤其以抑太保、BT等生物农药更为重要。

五、黄条跳甲

(一)为害症状

该虫成虫、幼虫均可为害作物。成虫常咬食叶片成许多小孔,幼苗受害最重。刚出土幼苗子叶被吃,整株死亡。幼虫为害菜根,常将菜根表皮蛀成许多弯曲虫道,咬断根系,使叶片发黄萎蔫而死。萝卜受害造成许多黑蛀斑,大白菜受害,叶片变黑死亡。并传播软腐病。

(二)发生规律

此虫本省发生 4～6 代。成虫、幼虫对温度的适应范围很大。成虫在 10℃ 左右开始取食,15℃ 时食量渐增,20℃ 时食量激增,32～34℃ 食量最大,34℃ 以上食量大减。幼虫发育起点温度 11℃,最适温度 24～28℃。两种虫态在长江以南基本全年可为害。

(三)药剂防治

1. 农业防治 清除田间杂草和菜地残株败叶,保护田园清洁,减少越冬场所和食料基地。

2. 药剂防治 发现根部有虫,用 80% 敌敌畏 800～1 000倍液浇根,成虫用 80% 敌敌畏 100 倍拌细沙熏杀每亩 150 克。

六、红蜘蛛

(一)为害症状

该虫多为叶背吸吮薄壁细胞组织液。被害作物有瓜类蔬菜、茄子、辣椒等。叶片受害后呈黄色至焦枯,造成严重脱水而干枯落叶。不结果实或少结果实,茄子被害果实表皮粗糙、畸形，叶片焦黄。

（二）发生规律

此虫一年发生 10～20 代。性喜高温、干旱，当日平均温度在 20～25℃，相对湿度在 70％以下，繁殖迅速，虫口急剧上升。一般每年 5 月上、中旬茄子上发现中心虫源为害。6～7 月有一个发生高峰期，8～9 月又有一个发生高峰。7 月上旬至 8 月上旬当气温上升到 35℃以上时，短时间有抑制繁殖。田间湿度大于 85％以上，雷暴雨，虫口密度大量减少。

（三）药剂防治

1.8％阿维菌素乳油 1 500～2 000 倍；24％螺螨酯悬浮剂 3 000～4 000 倍；73％克螨特乳油 1 500～2 000 倍液喷雾。

（四）注意事项

初次查红蜘蛛为害，一般在茄子上最早，如发现茄子田间中心虫源，有几株黄叶，随即采取重点点治、普遍防治相结合的方法进行全面喷药保护；喷药以叶背面为主。

七、瓜绢螟

（一）为害症状

该虫主要为害瓜类蔬菜，如丝瓜、冬瓜、西（甜）瓜等，卵产于瓜藤心叶内，1～2 龄期以取食心叶叶肉为主，3 龄后在叶片上吐丝左右缀合，吃完全部叶片，仅留叶脉，再迁移叶片为害。叶片吃完后，潜入瓜内吃瓜肉。为害严重时，每个西瓜有虫 10 多条。

（二）发生规律

此虫每年发生 3 代，以第二代为害严重，约于 6 月中、下旬卵孵化。7 月下旬至 8 月上、中旬是为害最盛期，性喜高温。本地很少有越冬,估计主要虫源以迁飞为主。

（三）药剂防治

用20％氯虫苯甲酰胺悬浮剂1 500～2 000倍；1.8％阿维菌素乳油1 500～2 000倍；5％抑太保1 000～2 000倍液喷雾。

八、豆荚螟

（一）为害症状

该虫卵产于花内,孵化后幼虫蛀入豆荚,蛀食荚肉和豆粒。被害豆粒残缺和空荚。荚内充满黄褐色粪便。3龄后在荚内的豆粒外蛀食荚肉,成为瘪荚。

（二）发生规律

此虫发生和消亡与温、湿度有关。幼虫在14.9～30℃都有能适应,雨水多、湿度大则虫口少。该虫发生代数不明,各地温湿度不同代数不同,本地4～5代。

（三）药剂防治

用20％氯虫苯甲酰胺悬浮剂1 500～2 000倍；1.8％阿维菌素乳油1 500～2 000倍；5％抑太保1 000～2 000倍液喷雾。

（四）注意事项

豆荚螟卵产于花内,喷药根据孵化盛期与花期吻合应及时用药喷雾。

九、野蜗牛、野蛞蝓

（一）为害症状

野蜗牛、野蛞蝓均属软体动物。野蜗牛幼贝食量小,仅食叶肉，留下表皮，大贝用齿舌刮食叶、茎造成孔洞和缺口。重则咬断苗，造成缺秧。蛞蝓刮食幼苗、嫩叶，使断枝、毁苗。两者为害后造成大量伤口易引起病害发生。

（二）发生规律

两虫均性喜阴湿，怕见阳光，白天潜伏，晚上活动取食。遇干旱天气便隐蔽起来，暂时不吃不动。春季多雨潮湿时为害重，一般4～6月多发；秋季阴雨天气，地面潮湿或晚上露水大时活动盛，为害重，一般在9～10月为害严重。

（三）防治技术

1. 农业防治 清洁田园，铲除田边、地头、沟边的杂草，将除掉的草及时沤肥，减少蜗牛的滋生地。

2. 药剂防治 用6‰四聚乙醛在雨后傍晚用药，方法是每隔1米左右放一堆10～20粒，亩用药量是0.25～0.5千克。

十、棕榈蓟马

（一）为害症状

成虫和若虫锉吸瓜类嫩梢、嫩叶、花、瓜的汁液。初害时，嫩叶嫩梢变硬缩小，茸毛呈灰色或褐色，植株生长缓慢，节间缩短。幼瓜受害后变硬化，毛变黑，造成落花落瓜，茄子受害时叶脉变黑褐色。

（二）发生规律

该虫可周年为害，终年繁殖，以秋季为害最重。成虫怕光，多在未张开的叶上或叶背活动。成虫能飞善跳，能借助气流做远距离迁飞。既能进行两性生殖，又能进行孤雌生殖。卵散产于植株的嫩头、嫩叶及幼果组织中，幼虫入表土化蛹。

（三）防治技术

1. 农业防治　清洁田园，及时清除杂草病叶和地膜覆盖。

2. 药剂防治　5％啶虫脒乳油1 000～1 500倍液，或6％乙基多杀菌素悬浮剂1 000～1 500倍液，或10％吡虫啉可湿性粉剂1 000倍液。

十一、小地老虎

（一）为害症状

该虫幼虫6龄，3龄前幼虫都集中在表土，或杂草中，或其他寄主植物叶背和心叶，多见以蚕食蔬菜秧苗。昼夜取食不入土，食量小，为害轻，主要造成秧苗无头。3龄后白天潜入土中2～3厘米，晚间或阴雨天出洞取食，啃断幼苗嫩茎和叶片，并拖入洞中。

（二）发生规律

此虫性喜暖和、干燥环境。月平均气温在13.2～24.9℃，最适发育繁殖。浙江省发生4～5代，始见成虫为2月中下旬，成虫盛发期为3月中下旬。一代幼虫为害期在4月中旬至5月中旬，4月中旬是该代幼虫防治关键时期。

（三）防治技术

1. 农业防治　根据成虫性喜在杂草、多田间产卵习性，应在成虫产卵盛期前，大约3月上旬铲除杂草减少成虫产卵，也可早晨天刚亮在植株为害附近人工捕杀。

2. 药剂防治　用3％辛硫磷颗粒剂每亩1～1.5千克或5％毒死蜱颗粒剂1～1.2千克撒施田里并翻耕入土。

第三章
蔬菜新品种

第一节　茄果类蔬菜新品种

一、衢椒1号

(一) 品种概况

由衢州市农业科学研究院选育的白辣椒杂交一代品种。2011年通过浙江省非主要农作物品种审定委员会审定。平均亩产量2 779.2千克/亩。

(二) 特征特性

早熟,春栽从定植到采收约42天,秋栽约36天,开花到商品果采收18~20天。植株长势和分枝性中等,株高75厘米左右,开展度约70厘米;第一花序着生于9~11节,节间短,连续坐果性强,单株结果数90个左右。果实羊角形,果尖略弯,果皮稍皱,光泽度好。商品果黄白色,果实长17厘米,最大横径2厘米左右,果肉厚约0.2厘米,单果重约18克。中辣,脆嫩,口感好,维生素C含量高,老熟果红色。田间表现较抗疫病和病毒病。

（三）栽培技术要点

（1）适宜播期。春栽：10 月中旬至 11 月中旬播，3 月中旬定植。秋栽：7 月中旬播，8 月下旬定植。

（2）栽培密度。衢州地区大棚种植亩栽 2 200 株左右。

（3）施足基肥，合理追肥，增施有机肥料，注意氮、磷、钾三元素合理搭配施用，并叶面追施钙镁肥。

（4）注意防治蓟马。

二、玉龙椒

（一）品种概况

由衢州市农业科学研究院选育的白辣椒杂交一代品种。2013 年通过浙江省非主要农作物品种审定委员会审定。平均亩产量 2 598.5 千克/亩。

（二）特征特性

植株长势和分枝性较强，耐低温性好，株高 75 厘米左右，开展度约 80 厘米；第一花序着生于 9～11 节，连续坐果性强，单株结果数 100 个左右。果实羊角形，果顶尖，果皮稍皱，有呈纵螺旋状的浅沟，光泽度好。商品果黄白色，果实长 15～16 厘米，最大横径 2.2 厘米左右，果肉厚约 0.2 厘米，单果重 19～20 克。老熟果红色。果肉白色，食味中辣，脆嫩，口感好，维生素 C 含量高。早熟，春栽从定植到采收约 40 天，开花到商品果采收 18～20 天。

（三）栽培技术要点

（1）适宜播期。春栽：10 月中旬至 11 月中旬播，3

月中旬定植。秋栽：7月中旬播，8月下旬定植。

（2）栽培密度。衢州地区大棚种植亩栽 2 000～2 200株。

（3）施足基肥，合理追肥，增施有机肥料，注意氮、磷、钾三元素合理搭配施用，并叶面追施钙镁肥。

（4）注意防治蓟马。

三、渝椒5号

（一）品种概况

由重庆市农业科学研究所选育的杂交一代辣椒品种，2001年通过重庆市农作物品种审定委员会审定，2002年通过国家审定。平均总产量 3 217千克/亩。

（二）特征特性

渝椒5号属中早熟品种，生育期：采用地膜覆盖栽培从定植到采收60天，植株生长势强，株高58.6厘米，开展度为70.4厘米，11～13片叶始花，叶形披针，绿色。耐低温能力强，有较强的耐热性，越夏能力较强，抗病毒病，中抗炭疽病。花白色。果实羊角形，长16.95厘米，宽2.7厘米，单果重为32.5克。每百克鲜重含维生素C 90毫克。食味微辣、脆嫩、口感好。

（三）栽培技术要点

（1）适宜播期。西南地区春季栽培10月中旬播种，在3月中旬定植。秋季栽培在5月下旬播种，6月下旬定植。

（2）栽培密度。宽窄行双株种植，行株距0.5米×0.4米，每亩定植 3 500穴。

（3）重施底肥，结合根外追肥，注意氮磷钾配合施用。

（4）及时中耕除草，加强病虫害防治。

四、辛香27

（一）品种概况

江西农望高科技有限公司最新育成的杂交一代条椒品种，主要特点是抗病能力强，适应性广，产量高，果光直，耐储运，是商品菜基地的首选品种。

（二）特征特性

早中熟，株型紧凑，直立，株高58厘米，株幅58厘米。分枝强，均匀，叶片中小，坐果能力强，商品率高。果长条形，横切面近圆形，果长22～25厘米，粗1.8厘米。顺直、光亮、少皱、肉厚、辣味强。嫩果绿色，熟后鲜红。适应性广，抗性强，后劲足，采收期长，产量高，亩产可达3 800千克。

（三）栽培技术要点

辛香27在衢州市适宜早春设施栽培和春季露地及夏秋季高山栽培，定植地以壤土或沙壤土为宜，排灌方便，施足以有机肥料为主的底肥，深沟高垄，亩植3 300株左右，适时除侧枝。

五、浙杂205

（一）品种概况

浙杂205由浙江省农业科学院蔬菜研究所选育，其亲本来源为国外引进的9247的自交系选系T9247 - 1 - 2 -

2-1×T01-198 自交系选系 T01-198-1-2。表现产量高，商品性好，品质优，耐储运，适宜在浙江省做设施栽培。

（二）特征特性

浙杂 205 为无限生长，长势中等，植株开展度较小，叶柄和茎秆的夹角较小，叶片较小；中早熟，第一花序发生于第七叶位，花序间隔 3 叶；坐果性佳，平均单株结果 16～18 个（6 穗果）；果实光滑圆整，无果肩，大小均匀，无棱沟，果洼小，果脐平，心室 3～4 个；成熟果大红色，色泽鲜亮，着色一致，商品果率高，果实口感好、品质佳；果实单果重 160～180 克；果实较硬，果皮韧性好，果肉厚，不易裂果，耐储运。田间表现，抗番茄花叶病毒病，高抗枯萎病，中抗叶霉病。

（三）栽培技术要点

浙杂 205 在衢州市可作为早春或秋延后大棚栽培，单秆整枝，栽培密度 2 800～3 000 株/亩，一般 5～6 穗果打顶，每花序留 3～4 果。注意重视中后期追肥。

六、石头 28

（一）品种概况

石头 28 番茄新品种系北京爱德万斯种业有限公司从澳大利亚引入的生长势强、抗逆性好的硬果型番茄品种。近几年在衢州市得到逐步推广，石头 28 番茄平均亩产量可达 6 000 千克以上，较原主栽品种增产约 1 000 千克。

（二）特征特性

石头 28 是无限生长型的硬果型番茄品种，果实为高圆、硬果，果色鲜红光亮，坐果率高，无青果肩，始花节位8～9节，生长势强，抗逆性好，单果重200～240克，早春栽培开花至采收需50～65天。

（三）栽培技术要点

石头28在衢州市可作为早春或秋延后大棚栽培，早春栽培11月中旬至12月下旬播种，秋延后栽培7月下旬播种，提倡穴盘或营养钵育苗，单秆整枝，栽培密度1 800～2 000株/亩，一般6～7穗果打顶，每花序留4～6果。注意重视中后期及时追肥。

七、引茄1号

（一）品种概况

浙江省农业科学院新品种引种开发中心引进的茄子新品种，是目前浙江省茄子的主要推广品种，该品种平均亩产量3 500～4 000千克/亩。

（二）特征特性

生长势旺，早熟性好，株型紧凑，果形直，果长30～38厘米，粗2.4～2.6厘米，单果重60～70克，光泽好，外观漂亮，商品性好，皮薄，肉质糯，口感好。抗病力强，坐果率高。该品种适宜早春保护地栽培，也适宜露地栽培以及夏秋季耐高温栽培，是茄子栽培的理想品种。

（三）栽培技术要点

（1）播种期。衢州市早春栽培一般10月中下旬播种，2月上旬定植，4月中下旬可采收上市。秋季栽培6月上中旬播种，7月中下旬定植，9月上旬开始采收。

（2）种植密度。株行距一般可控制在（35～40）厘米×60厘米。

（3）田间管理。加强肥水管理和整枝技术，春秋季采收期每星期至少灌水1次，以利于果实发育，减少果实打弯，施足基肥，实施追肥。

第二节　瓜类蔬菜新品种

一、津优1号

（一）品种概况

由天津科润黄瓜研究所筛选出优良自交系451和Q12-2，配制成的一代杂种。

（二）特征特性

瓜把约为瓜长的1/7，瓜皮深绿色，瘤明显，密生白刺，果肉脆甜无苦味。从播种到采收约70天，平均亩产量为6 000千克左右。抗霜霉病、白粉病和枯萎病。

（三）栽培技术要点

播种期应从定植起前推40天左右，幼苗以长至3叶1心时定植为宜。定植前5～7天进行适度低温炼苗。阴天注意通风透光，以降低苗床内湿度，同时采取措施适当提高温度。定植以棚内10厘米土层温度稳定在12～13℃以上，气温不低于5℃为宜。因其单性结实能力强，瓜码密，根瓜及时采收，以免引起坠秧。栽培密植每亩定植2 000～2 500株为宜。在霜霉病多发季节仍应注意防病，中后期还应注意防治蚜虫和红蜘蛛等。

二、津春4号

(一)品种概况

津春4号是天津科润黄瓜研究所育成的黄瓜新品种。该品种一般亩产5 500千克。

(二)特征特性

抗霜霉病、白粉病、枯萎病。较早熟,长势强,以主蔓结瓜为主,主侧蔓均有结瓜能力,且有回头瓜。瓜条棍棒形。白刺,略有棱,瘤明显,瓜条长30～35厘米,心室小于瓜横径1/2。瓜绿色偏深,有光泽、肉厚、质密、脆甜。清香、品质良好。适宜小棚栽培,地膜覆盖栽培,春、秋露地及秋延后栽培。

(三)栽培技术要点

施足底肥,选择中上等肥力土壤,播前施足底肥,一般亩施有机肥料3 000千克,复合肥50～60千克。适期播种,衢州市早春设施栽培1月下旬播种,在大棚内加小拱棚育苗,最好采用营养钵或穴盘育苗的方法。夏、秋黄瓜一般采用直播,苗期应加强水分管理。合理密植,每亩留苗2 000～2 500株,不可过多。加强田间管理,喜好肥水,特别是结瓜盛期应及时浇水施肥,以确保水分和营养。及时采收,丰产潜力大,生长快,商品瓜若不及时收获,会严重影响产量,一般雌花开放后7～10天即可收获。

三、圆葫1号

(一)品种概况

由衢州市农业科学研究院自主培育的特色西葫芦新品

种。该品种生长势强，产量高，外观品质与食用品质佳，适宜衢州市及浙江省春季早熟和秋延后设施种植。审定编号：浙（非）审蔬 2 010 009，平均亩产量 3 852 千克。

（二）特征特性

该品种属短蔓型，株型较直立，无分枝，长势较强。茎蔓深绿色，叶掌状，叶裂中等，绿色，叶面无白斑，叶面长 28.4 厘米、宽 32.1 厘米，叶柄长 48.5 厘米、直径 1.7 厘米。第一雌花着生于 7～9 节，能单性结实，连续结瓜性好，单株可同时坐瓜 2～5 个。定植后 36 天左右可采收嫩瓜。果实近圆球形，果型指数 0.8，果柄长 4.4 厘米，嫩果果皮底色翠绿有光泽，覆乳白小碎斑。一般花后 7～12 天可采收嫩瓜，单瓜重 350～450 克、横径 10.0～10.5 厘米、纵径 8.0～8.5 厘米。嫩果适采期较长，果肉淡黄色，肉质细腻，口感好，商品性佳。田间表现抗病性较强。

（三）栽培技术要点

冬春季设施栽培一般于 12 月中下旬至 1 月上中旬播种，采用保温育苗。秧龄 35～45 天，于 1 月下旬至 2 月下旬定植。秋延后设施栽培一般 9 月中下旬播种，定植密度 1 500 株/亩左右。

四、圆葫 2 号

（一）品种概况

圆葫 2 号为衢州市农业科学研究院培育的特色西葫芦新品种。该品种生长势强，产量高，外观品质与食用品质佳，适宜衢州市早春和秋延后设施种植。审定编号：浙

（非）审蔬 2011013，平均亩产量 3 748 千克，比对照增 41.7%。

（二）特征特性

短蔓型，株型较直立，无分枝，生长势强。茎蔓绿色，叶掌状，叶裂中等，绿色，叶面无白斑，叶片长 31.1 厘米、宽 33.4 厘米，叶柄长 42.6 厘米、直径 2.0 厘米。第一雌花节位 8～10 节，可单性结实，单株商品瓜数 9.1 个，可同时坐瓜 3～4 个。一般花后 7～12 天可采收嫩瓜，单瓜重 350～450 克、横径 9.5～10.5 厘米、纵径 7.5～8.0 厘米，瓜型指数 0.77；嫩瓜皮底色绿、有光泽，覆乳白小碎斑，瓜柄长 3.8 厘米，商品瓜适采期较对照长 3～5 天，瓜肉淡黄色，肉质细腻，口感好，商品性佳。老熟瓜金黄色。田间表现抗病性较强。

（三）栽培技术要点

冬春季设施栽培一般于 12 月中下旬至 1 月中下旬播种，定植密度 1 300 株/亩左右。

五、早佳 8424

（一）品种概况

早佳 8424 为杂交一代早熟西瓜，中国工程院院士吴明珠选育，该品种是新疆农作物品种审定的品种，早佳 8424 大棚栽培 1 月下旬至 2 月上旬播种，2 月下旬至 3 月上旬定植，果实圆形，植株生长稳健，坐果性好，单果重 5～8 千克，一般亩产量可达 7 000 千克，平均产值 10 000 余元。

（二）特征特性

早佳 8424 具有早熟、质优、抗病等特点。植株长势中等，全生育期 85 天左右，开花至成熟 28 天左右，果形圆球形，果面绿色，上覆深色条带，果肉大红，肉质沙甜，口感极好，中心糖可达 13 度以上，梯度小，不易倒瓤皮薄，但硬且稍韧，不易裂果，较耐运输，单果重 5～8 千克。耐热耐湿，是我国目前大棚栽培最理想的中型西瓜品种。

(三) 栽培技术要点

适时播种，衢州市大棚栽培 1 月下旬至 2 月上旬播种，培育壮苗，在大棚内加小拱棚育苗，最好采用营养钵或穴盘育苗的方法。2 月下旬至 3 月上旬定植。施足基肥，科学追肥。5 月中下旬开始采收，一直采收到 10 月底。注意防治猝倒病、枯萎病和炭疽病 3 种主要病害。

第三节　豆类蔬菜新品种

之豇 106

(一) 品种概况

之豇 106 是浙江省农业科学院蔬菜研究所培育的豇豆新品种。

(二) 特征特性

该品种蔓性生长，较早熟，分枝少，叶色深，叶片小，不易早衰，约第三节着生第一花序。嫩荚油绿色，适合当今消费需求，荚长约 65 厘米，肉质致密，商品性佳。耐热性强，高温季节能正常生长。抗病毒病、锈病、白粉病能力强。耐储性好，室温下（约 25℃）储藏期比之豇

28－2 延长 12 小时。

（三）栽培技术要点

之豇 106 以选择土层深厚、肥力较好、易排灌、便于管理的壤土或沙壤土为宜，并与豆类作物轮作 2～3 年。施足基肥。适期播种，衢州市 3～7 月均可播种，根据不同栽培方式而选择适宜的播种期。春季早熟栽培 3 月上旬育苗，4 月移栽。畦宽（连沟或埂为 1.4～1.5 米），种两行，每穴 3 株为宜。4～7 月直播栽培按每穴 3～4 粒下种。地膜覆盖，无论春播或夏播，应用地膜对发根和护根有利，能大幅度提高产量。加强田间管理。及时插架，做好人工辅助缠蔓与打顶。及时做好肥水管理和病虫防治。

第四节　水生蔬菜新品种

一、龙茭 2 号

（一）品种概况

龙茭 2 号是由桐乡市农业技术推广服务中心、浙江省农业科学院植物保护与微生物研究所等单位育成。2008年 12 月通过浙江省非主要农作物品种认定委员会的认定。

（二）特征特性

双季茭，中晚熟，夏茭 5 月上中旬至 6 月中旬采收，秋茭 10 月底至 12 月初采收，盛产期在 11 月中旬。植株生长势较强，株型紧凑直立。秋茭株高 170 厘米左右，平均有效分蘖 14.7 个/墩，壳茭重平均 141.7 克，肉茭重 95

克左右。夏茭株高 175 厘米左右，平均有效分蘗约 19 个/墩，壳茭重 150 克左右，肉茭重 110 克左右。耐肥力中等，较耐寒，较抗胡麻叶斑病，品质好，丰产性好。

(三) 栽培技术要点

秋茭二段育苗，3 月下旬分苗移植，7 月上中旬定植，亩栽 1 100 墩左右。定植时须割叶，留苗高 35～40 厘米。定植前施足有机肥料，重施分蘖肥，巧施膨（孕）茭肥。夏茭要适当早管促早发，3 月上旬出苗后亩施碳铵 80 千克，过磷酸钙 100 千克。3 月上中旬苗高长至 20～30 厘米，结合耘田进行定苗，每墩保留 20 株壮苗，并在墩中间嵌土培土。定苗后 10～20 天亩施碳铵 70 千克、进口复合肥 15 千克，孕茭期保持水位 15～20 厘米。5 月中旬至 6 月中下旬采收。

二、浙茭 6 号

(一) 品种概况

浙茭 6 号由嵊州市农业科学研究所、金华市农业科学研究院和浙江大学蔬菜研究所合作选育。2012 年 12 月，该品种通过浙江省非主要农作物品种认定委员会审定。

(二) 特征特性

浙茭 6 号属双季茭类型，植株较高大，秋茭株高平均 208 厘米，夏茭株高 184 厘米，茭有效分蘖 8.9 个/墩。孕茭适温 16～20℃，春季大棚栽培 5 月中旬至 6 月中旬采收，露地栽培采收期约推迟 15 天，壳茭质量 116 克，净茭质量 79.9 克，隐芽白色，表皮光滑，肉质细嫩，商品性佳。

（三）栽培技术要点

秋茭二段育苗，3月下旬至4月上旬假植育苗，单株分苗假植，7月上旬移栽。施足有机肥料，及时追肥，及时施壮秆肥，确保养分供给。分蘖后保持水层，控制无效分蘖。叶鞘露白1厘米左右时采收。夏茭要适当早管促早发。田间清理秋茭采收后，排干田间积水，适当搁田促进根系生长，1月上旬，搭棚盖膜，施足有机肥料、复合肥，田间保湿、保温促进萌芽；定苗2月下旬开始间苗并施好苗肥料。

三、东河早藕

（一）品种概况

义乌市东河田藕专业合作社、金华市农业科学研究院等单位选育。2010年12月通过浙江省品种审定。

（二）特征特性

东河早藕植株较矮，叶片较小，株型紧凑。顶芽尖、玉黄色，浮叶黄绿色、近圆形，初生根白色；完全叶较厚，绿色，近圆形；花少，单瓣，花瓣数16～18片，呈阔卵圆形，白爪红色。露地栽培，春藕生育期约77天，夏藕生育期约76天，亩平均产量2 170千克。对褐斑病、腐败病抗性较强。

（三）栽培技术要点

春藕日均气温达到13℃即可移栽，浙江中部地区3月20日前后为宜；设施栽培时间可适当提前，小拱棚提早7～10天，大棚提早15天。适当增加用种量、提高种植密度、栽种宜浅，有利于早熟增产。春藕亩用种量

400～500 千克，种植株行距 1.2 米×（0.8～1.0）米。移栽时田间保持薄水层，采用斜栽法，种藕成 15°斜栽入土，深约 20 厘米。科学施肥以有机肥料为主，化肥为辅，施足基肥，及时追肥。夏藕栽种以春藕分枝和幼藕作种，采挖时，适当放浅田水，割除全部荷叶，边挖藕、边整平田面、边种夏藕。夏藕管理肥水管理参考春藕。

四、鄂莲 5 号

(一) 品种概况

鄂莲 5 号由武汉市蔬菜科学研究所育成，2001 年通过审定。

(二) 特征特性

该品种抗逆性较强，株高 160～180 厘米，叶径 75～80 厘米，花白色。主藕 5～6 节，长 120 厘米，直径 7～9 厘米，藕肉厚实，通气孔小，表皮白色。入泥深 30 厘米。中早熟，8 月下旬每亩产青荷藕 500～800 千克，9 月下旬每亩产老熟藕 2 500 千克。该品种耐储藏，炒食、煨汤皆宜。

(三) 栽培技术要点

播种期一般在 3 月中下旬。株行距均为 1.7～2 米，藕种应埋入泥内 10～20 厘米深。每亩用种量约为 250 千克。500～600 个芽头。6 月上旬以前保持藕田水位深度在 3～6 厘米，特殊情况下不可超过 15 厘米，以利于提高土温，加快生长速度。莲藕需用人工拔除杂草，除草时千万不可踩坏藕鞭，以免影响莲藕正常生长。立叶封行后，就不要再下田除草。施足基肥，封行前及时追肥。

第五节　食用菌新品种

一、L808 香菇

(一) 品种概况

L808 香菇由浙江省丽水市大山菇业研究开发有限公司经从段木香菇组织分离，经系统选育获得的新品种。

(二) 形态特征

子实体单生、大型、肉厚、质地结实；菌盖幼时深褐色，渐变黄褐色和深褐色，温度低、含水量大时色泽较深，呈褐色，温度高含水量低时色泽较浅，呈褐黄色；菌盖呈半球形，直径 3～7 厘米，一般 5～7 厘米，厚 1.4～2.8 厘米，一般 2.5 厘米，平顶，部分下凹，边缘内卷，表面有较多白色鳞片，中间少，四边多，呈明显的同心环状；菌柄粗短、容貌多、质地实，基部较细，中部到顶部膨大，冬天长 1.5～3.5 厘米，春天长 6 厘米，粗 1.0～2.7 厘米，一般 1.5 厘米。

(三) 菌丝培养特征特性

菌丝生长的温度为 5～33℃，最适温度 25℃，保藏温度 2～6℃。在适宜的培养条件下，10 天左右长满直径 90 毫米培养皿。菌落较致密，表面白色，背面初期白色，后期黄白色，气生菌丝发达，随着培养时间增长，会分泌出红褐色色素。

(四) 栽培技术要点

(1) 菌丝生理成熟即刻转色，并出现菇蕾。需要在气温 20℃以下的阴天脱袋排场，并随手盖膜保湿。2 天后，每天通风喷水一次。对于第一次出菇不多，转色偏深、菌皮偏厚的菌棒，要及时盖膜保温保湿催蕾。使堆内温度提升到 20℃左右并保持 3 天。

（2）春季要及时补水，促进菇蕾发生；抓转潮管理，缩短每潮的养菌时间，多出菇。

（3）防治高温高湿，预防霉菌和烂棒。

二、L18 香菇

（一）品种概况

福建省三明市真菌研究所经人工系统选育获得的新品种。

（二）形态特征

早熟，子实体发生方式多群生，少单生，极少丛生。朵形中等，菌盖圆正，直径为 3～5.5 厘米，多数 3.5～5 厘米。温度较高时（＞18℃）扁球状，茶褐色，温度较低时（＜10℃）中央斗笠状，突起棕褐色。菌盖表面有茶褐色鳞片，外围有白色绒毛。菌肉厚度 1.0～1.8 厘米质地致密，口感好。菌褶直生和弯生相间，其中 1/3～1/2 为不等长菌褶，褶缘波状。菌柄圆柱形，长 3～5 厘米，温度高时柄较长，直径 1.0～1.2 厘米。

（三）菌丝培养特征特性

菌落平整，菌丝浓白、粗壮，气生菌丝较旺盛。在适宜条件下 10 天长满 90 毫米培养皿。菌丝抗逆性强，适应性广，耐高温，生长温度范围 5～33℃，最适生长温度 25℃左右。

（四）栽培技术要点

（1）熟料栽培，荫棚内脱袋地栽，覆土或不覆土。不适宜立筒式或层架式栽培。

（2）荫棚要求规格以 50 米×8 米较好，两菇棚首尾相接处应有较大的间隔，以保证棚内通风良好。

（3）由于 L18 香菇都在冬季接种，发菌早期菌筒应多层堆叠紧密排放，覆盖薄膜保温。2 月以后接种的菌筒可人工增温促进菌丝生长。

（4）菌落直径 8～10 厘米时，用 3.3 厘米铁钉刺孔通气，每个接种口四周刺 4～6 个孔，孔深 0.5 厘米。刺孔后应确保堆内温度不超过 27℃。25～27℃ 条件下，后熟期 30 天。菌筒表面出现瘤状突起时，第二次刺孔，每筒刺孔 40～60 个，孔深 1 厘米。刺孔后"井"字形排放，给予散射光刺激，促进转色。培养温度较低的，菌龄 120 天左右合适；培养温度较高的，菌龄 90 天左右合适。

（5）脱袋。南方地区在 5 月左右，菌筒瘤状突起占表面积的 1/2～2/3，菌筒部分转色时排场脱袋。提早排场，减少震动及选择气温较高的时候脱袋，可减少开袋菇数量。

（6）覆土。脱袋后立即覆土，常用沙土或壤土。覆土厚度以菌筒最高点计 1 厘米。待菌筒完全转色（通常约 20 天）时冲洗覆土，露出 1/3 表面积做出菇面。

第四章
常见蔬菜生产管理技术

第一节　大棚辣椒栽培技术

辣椒是人们日常生活不可或缺的调味品，它富含多种维生素，特别是维生素 C 的含量高，可与苹果的含量齐平。随着市场的发展、人们需求的提高，辣椒的生产也逐渐走上规模化、集约化，大棚辣椒的生产已占据了市场的主导地位。春提早大棚种植辣椒，由于塑料大棚具有增温透光等作用，能创造有利于辣椒生长发育的条件，有效地避开了冬季和早春的不良环境对辣椒生产的影响，能提早辣椒上市时间，可弥补春末夏初淡季市场供应，经济效益相当明显。

一、品种选择

选择品种要根据本地的消费习惯，选择合适的颜色和果型，针对衢州市场，可以选择早熟的品种特早长尖、衢椒 1 号、玉龙椒、辛香 27，中熟品种渝椒 5 号、宁椒 5 号等。

二、培育壮苗

（一）育苗方式

采用两段育苗方式，第一段播在平盘或苗床上，待真叶展开后移植到 50 穴穴盘或营养钵内（8 厘米×10 厘米）培育大苗。

（二）育苗基质准备

采用育苗专用基质，播种前两天，新的基质堆好边拌边浇水，拌匀后水分以手捏松开后能散开为标准。每立方米基质可装 50 穴穴盘 200 盘左右，8 厘米×10 厘米营养钵 2 000～2 500 钵。

（三）浸种催芽

播种前晒种 1～2 次，用 55℃温水浸种 15 分钟。然后用 30℃温水浸种 4 小时，洗净种表黏液，沥干水分，用湿毛巾包好，置于 28℃的恒温箱中催芽，并每天用温水冲洗一次。大约 4 天种子开始露白，当大部分种子露白时即可播种。

（四）适时播种

春季辣椒播种时间选上一年 10 月中旬至 11 月中旬。将催芽后的种子均匀地撒播在已准备好的育苗专用平盘或苗床上，然后覆盖一层 1 厘米厚蛭石或细土，浇水，盖好地膜保湿。

（五）苗期管理

冬季育苗的关键是提高床温，辣椒幼苗期适宜的气温是白天 25～30℃，夜间 15～20℃，地温 18～25℃。地温低于 15℃，辣椒根系弱，侧根少，生长缓慢，长期处于

12℃以下，易造成生理寒根，形成老小苗。播种前2～3天内，白天密闭棚膜，提高床温。在整个生长过程中要少浇水，促进根系的生长，需浇水要在晴天的上午10时左右，水温最好能在15℃左右的地下水，或者提前在育苗棚内蓄好水，避免因水温过低降低苗床的温度。遇晴天大棚内温度过高时，要适当通风，避免大棚底部直接通冷风，要在大棚中部通风。下午3时左右待叶片上水干后再封棚。当苗封行时要及时把营养钵摆开，避免光照不足小苗过嫩，以培育壮苗为目的。壮苗的标准是：茎秆粗壮，节间短，叶片肥厚，叶色深绿，有光泽，根系发达，侧根多，无病虫害，定植时显蕾，苗高10～20厘米，节间长2～4厘米，有8～10片真叶，春季育苗一般苗龄为70～100天。定植前一周要进行炼苗，春季育苗要把营养钵分开，起到断根增强光照的作用，同时要增加大棚的通风时间。定植前一天浇一次透水，有利于第二天起苗。

（六）苗期病虫害管理

冬季育苗病虫害发生较少，主要做好10～11月的蚜虫防治和灰霉病的防治。蚜虫采用10%吡虫啉可湿性粉剂1 000～1 500倍，灰霉病采用20%嘧霉胺可湿性粉剂2 000倍。

三、定植

大棚内10厘米土层地温稳定在15℃以上方可定植，一般在2月中下旬到3月初幼苗显大蕾时移栽到大棚。选择上茬没种植过茄果类蔬菜的土地，定植前7天大棚内进行灌水，2～3天后每亩施40～50千克复合肥，拖拉机翻耕后整平，做畦。6 米宽大棚做 4 畦，8 米宽大棚做 5 畦，每畦（连沟）1.4 米宽，畦高 20 厘米，大棚两侧留操作沟。畦做好后及时铺滴灌、覆地膜，如遇土壤较干旱，要先用滴灌浇好水再盖地膜。闷棚 2～3 天，提高大棚地温再定植。选择晴天定植，每畦种两行，株距为 45 厘米左右，定植后及时浇定根水，定根水里可加入"碧护＋多菌灵可湿性粉剂 1 000 倍"。

四、田间管理

（一）温度管理

定植后缓苗期要密闭大棚，尽量提高气温，棚内气温白天 28～30℃，夜间 15℃以上，以高气温促地温，使地温达到和保持在 18～20℃来促进幼苗成活。缓苗后适时通风降温，防止植株徒长，棚温白天 25～30℃，夜间 10℃以上。为防雪霜冰冻，春提早栽培采用大棚套小棚，3 月下旬撤除小拱棚，4 月初当外界最低气温达 15℃左右时，加大通风量。外界气温稳定高于 24℃后，棚膜的主要作用转为防雨。

（二）水肥管理

定植后前期要有均匀充足的水分供应，培养较大的苗架为高产打下基础。畦面有地膜覆盖，水分蒸发较少，浇水要视土壤情况而定。

施肥要根据辣椒的需肥特点进行，辣椒的各个不同生育期，所吸收的氮、磷、钾等营养物质的数量也有所不同，从出苗到现蕾、初花期、盛花期和成熟期吸肥量分别占总需肥量的 5％、11％、34％和 50％，从初花至盛花结果是辣椒营养生长和生殖生长旺盛时期，也是吸收养分和氮素最多的时期；盛花至成熟期，植株的营养生长较弱，这时对磷、钾的需要量最多；在成熟果采收后，为了及时促进枝叶生长发育，这时又需较大数量的氮素肥。一般在门椒对椒开始采摘时即 5 月中旬，每收一次果追施一次复合肥，一次氮、磷、钾平衡肥，一次低氮中磷高钾肥。结果后期，为防早衰，可用 0.5％的磷酸二氢钾叶面喷施。

（三）植株调整

辣椒的侧根一般在始花期慢慢开始长出，要及时打去底部的侧枝，以利于通风。辣椒是浅根系植物，中后期容易倒伏，要在畦四周每隔 10 米打桩拉绳，可有效防止植株倒伏。

（四）病虫害管理

病害主要有灰霉病、病毒病、茎腐病等，虫害主要有蚜虫、蓟马、烟青虫等，坚持"预防为主、综合防治"的原则，平时做到科学管理，增强植株的抗性，药剂推广应用生物农药，使用化学农药应选择高效、低毒、低残留的药剂，并控制用量和安全间隔期，确保产品无公害。另外，烟青虫等蛾类害虫可以通过大棚四周加盖 20 目防虫网，可大大减少这些害虫的为害。

第二节　番茄早春保护地栽培技术

一、品种选择

早春保护地栽培，番茄宜选择耐低温性好、抗病性强、产量高的品种。在衢州市受欢迎的品种有石头 28、以色列 FA189、浙杂 205 等。

二、栽培技术

(一) 育苗

1. 播种期　浙西地区保护地栽培播种时间 11 月中旬至 12 月中旬，萌芽时间 7～12 天，营养钵育苗苗期 75～90 天，带花移植。穴盘育苗，播种期应该适当推迟，苗期一般控制在 50 天左右，4～5 叶 1 心之前定植为宜。

2. 播种量　每亩需种量 7.5～10 克，穴盘育苗可适当减少用种量。

3. 种子处理　方法一是先将种子用温水浸泡 3～4 小时，再用 1 000 倍高锰酸钾溶液浸种 15 分钟，清洗晾干待播；方法二是高温消毒、催芽播种，用 55～60℃温水浸 15 分钟左右，稍晾后用纱布或棉布包好，放入盘内或碗中，再盖上一层棉纱布，温度保持 22～28℃经 3～5 天催芽，即可播种。

4. 播种　采用营养钵点播或穴盘育苗，育苗在大棚内进行，可采用自行配制营养土或专用营养土，播种后覆土浇透水，覆盖地膜，再扣上塑料小拱棚，一周后检查出苗情况并及时揭开地膜。穴盘育苗方法同营养钵点播。

5. 出苗后的管理　番茄出苗后盆土保持 70% 左右的相对湿度，及时补充磷、钾肥为主的叶面肥可有效防止徒长。育苗温室要做到适时通风，通风时间尽量选择晴天的早上 10 时至下午 2 时。肥水管理建议安排在早上 10 时之后为宜，使用 N－P－K（20－20－20）的平衡肥和高磷复合肥（10－30－20）交替使用，促根壮苗是此期间最重要的目标。

（二）田间管理

1. 移栽　2月下旬，营养钵苗7～9叶1心带花移植，穴盘苗4～5叶1心移植。

2. 基肥　每亩宜施腐熟农家肥3 000～4 000千克，过磷酸钙25～30千克，N-P-K三元素平衡肥15～25千克。

3. 株行距　单秆整枝，双行种植，畦宽（带沟）1.5～1.6米，行株距40厘米×45厘米，亩栽1 800～2 000株；采用黑色地膜覆盖技术，利于保温保水。

4. 追肥　要获得高产肥水管理尤其重要，建议首次追肥宜淡，时间一般在定植成活后15～25天进行，第二次施肥时间应掌握在第一档果膨大期前后，以后根据产量目标和地力情况合理安排施肥次数；早春一般能收4～6档果，肥料配比应掌握高钾中氮低磷的原则，并及时补充微量元素肥料，尽可能地做到配方施肥才能获得优质、高产、货架期长、味美的番茄果实。

5. 给水方法　移栽后首先要浇足定根水，早春气温低，建议适当封棚5～7天，一般15天左右地下部分根系生长进入活跃期，地上部分也开始进入生长期。所以，此期要重视棚内空气湿度和土壤湿度的管理，每周根据植株叶片生长状态和天气情况浇水1～2次，建议采用膜下滴灌方式给水，切忌大水漫灌。在满足番茄生长需求的同时，尽可能地降低棚内湿度，将能有效地减少病害发生。

6. 搭架和整枝打杈　当番茄株高30厘米左右时开始上架，保护地栽培适宜采用垂直线式上架，留一主茎，其余侧枝全部摘除，留一主茎是留第一花序出现的主茎，通过整枝有效干预植株的茎叶与果实平衡生长，使营养集中供给主茎，促进果实膨大，商品性好。上架时间宜选择在晴天的下午或阴天进行，整枝的时间建议选择晴天的上午，及时去除侧枝，切莫等侧枝超过15厘米以上再用剪刀处理，尽可能地做到用手"抹侧枝"。还要坚持病株后处理的原则，预防株间交叉感染，整枝后及时喷施植物保护剂。

7. 保花保果　早春低温期不容易坐果，因此在开花后，每周用保果灵等保果剂点花1～2次，宜选择晴天的上午进行。保花保果工作要一直延续到棚内气温达到20℃以上结束。

（三）主要病虫害

早春保护地番茄的主要病害有早疫病、灰霉病、青枯病、病毒病等，病害应以预防为主，必须做到培育壮苗，提高土壤肥力；在生产过程中，要及时调整棚内空气、土壤湿度和温度的变化，清除病害的传播源，随着环境的改变及时调整肥水管理等方法，可有效预防病害的发生和蔓延。

主要害虫有粉虱、潜叶蝇、蚜虫等，害虫的防治应当先在定植前1～2周做好棚内环境的消毒和处理工作，包括前茬作物残体和杂草。及时做好虫情测报工作，选择对口药剂进行喷雾防治。

（四）采收

5月上中旬至7月中旬采收，一般可采5～6档果，早春栽培开花至采收初期需50～65天。结合衢州市蔬菜市场需求青果的特点，拟先期采收青果，增加采摘次数，提高番茄亩产量和效益。

第三节　樱桃番茄栽培技术

一、品种选择

优良的红果可以选择千禧、新太阳，黄果可以选择黄妃、夏日阳光、亚非 2 号等品种。

二、栽培技术

(一) 培育壮苗

1. 适时播种　浙江地区春秋两季栽培，春季适宜播种期 11 月上旬至 12 月上旬；秋季适宜播种期 7 月中下旬。

2. 营养土与苗床准备　于 10 天前，采用育苗专用营养基质，按 10 厘米厚度，在育苗场所的地上铺一层育苗专用营养基质，浇透水，并用地膜覆盖待用。

3. 催芽　播种前将番茄种子浸种 4～6 小时，然后进行催芽，催芽温度控制在 28～32℃，并用湿毛巾等保湿，催芽时间 24～36 小时，待种子露白即可播种。

4. 播种与假植　将催好芽的种子，均匀散播在苗床上，再散上盖籽基质，约 0.5 厘米厚，按每克种子播种 2～3 平方米，稀播壮苗，1 叶 1 心时，假植到 6 厘米×8 厘米营养钵或 32 孔的育苗盘内，浇透定根水。

5. 苗期温湿度管理　种子播下后要视气候条件的变化而加以防护，秋播时要注意防寒，夏播时要注意防高温，种子发芽的适宜温度在 28～30℃。当子叶完整长出、真叶展开至 1.5 叶前后，温度应保持在 24～30℃；真叶展开至 3.5 叶前后，后期温度确保 18℃ 以上即可，开始锻炼幼苗，保持幼苗健壮生长。育苗阶段的水分须少量勤浇，保持一定湿度，不萎蔫即可。

6. 病虫害防治　苗床播种前一周，采用毒死蜱乳油 1 500 倍液喷施，防地下害虫，50% 多菌灵原粉散施土壤消毒；子叶平展时用 68.75% 恶唑菌酮锰锌水分散粒剂 1 500 倍液喷施防病，以后采用 64% 恶霜灵锰锌可湿性粉剂、68.75% 恶唑菌酮锰锌水分散粒剂等每隔 7～10 天防病一次，同时加吡虫啉乳油、阿维菌素乳油 1 500 倍等防蚜虫、各类夜蛾，按 1.5 米每块块间距，高度离苗 30 厘米挂黄板，防粉虱、潜叶蝇等。

（二）田间管理

定植前 7 天大棚内进行灌水，2～3 天后拖拉机翻耕，每亩均匀撒施 30～40 千克复合肥，发酵有机肥料 2 000～3 000 千克，再整地，使土壤和肥料充分拌匀，再将畦做成宽 120 厘米×高 40 厘米。畦做好后及时铺滴灌、覆地膜，如遇土壤较干旱，要先用滴灌浇好水再盖地膜。

1. 定植　当苗长至 7 叶 1 心至 8 叶 1 心时，即可移苗定植，定植前两天，将苗浇透水并做好带药下田，按 50 厘米×55 厘米双行定植，定植后浇足定根水，每株 0.5 千克为宜。春季 2 月定植时，需要加小拱棚保温保湿，夏秋季定植时需要覆盖遮阳网，一周内进行补苗，确保全苗。

2. 肥水管理　缓苗成活后，进行控水，以促进根系生长，第一花序膨大时，进行少量勤灌，不可一次多灌。

待第二花序开始采收时，增施磷钾肥，可滴灌，或叶面喷施，或穴施，追肥视植株生产情况约 4 次以上，每次 5～10 千克磷钾肥。番茄对钙镁肥的需求也较大，整个生长过程增施钙镁肥可以提高樱桃番茄的商品品质，可每隔一周叶面喷施，浓度 1 000 倍左右。

3. 整枝 原则上采用单秆整枝。于定植后约 20 天，开始引蔓，侧枝全部除去，待侧枝 3～5 厘米时打侧枝，一般情况下，春季栽培保留 7 档果，夏秋栽培保留 6 档果，摘芯并在顶端留一侧枝。

4. 摘叶 为达到提高品质、增强光照、促进通气、防止病害的目的，可摘除采收后的果穗（3 档以下）的老叶、病叶。

5. 促进坐果 采用电动振荡器授粉，部分品种在低温授粉不良的季节栽培时，一般是 5 月前，振荡器效果差，则采用喷防落素防止落花落果。

6. 疏花疏果 按每株留果 80～90 个，高产的品种可适当多留点。开花时，先将花序外围多余的花剪去，当果实长至花生米粒大小时进行疏果、定果。

7. 病虫害防治 原则上以预防为主，主要通过培育壮苗，加强肥水管理，增强植株自身抵抗力。主要病害有青枯病、灰霉病、病毒病等。防治方法：首先降低大棚内湿度，结合轮换喷施扑海因、速克灵、凯泽、易保、百菌清、3%中生菌素可湿性粉剂等，同时采用腐霉利等烟雾剂熏蒸。对于病毒病建议拔除。主要虫害有蚜虫、粉虱、美洲斑潜蝇、斜纹夜蛾等。防治方法：按 1.5 米间距挂黄板，并分别采用 5%啶虫脒乳油 2 000 倍液、10%灭蝇胺悬浮剂 800 倍液、1.8％阿维菌素乳油 1 500 倍液、BT 乳剂 250 倍液等轮换喷施，应对叶面和叶背全部喷施。

（三）及时采收

可在八成熟时采收，能真正体现其固有风味和品质。采收时注意保留萼片，从果柄离层处用手采摘。

第四节　茄子嫁接育苗技术

茄子是衢州市栽培面积较大、生产效益较高的主栽蔬菜品种之一。但由于连作等原因，茄子土传病害发生极为普遍。茄子的土传性病害主要有黄萎病、枯萎病、青枯病和根结线虫。其中，以黄萎病为害最重，为害面积最大。茄子土传病菌在土壤中可存活 3～7 年，施用药剂也难以防治，严重影响茄子的种植效益。利用对土传病害高抗或免疫的茄子砧木进行嫁接，是目前预防茄子土传病害较为理想的栽培措施，具有明显的效果。采用嫁接育苗的方式栽培，茄子商品性好、采收期长、产量高，对黄萎病、立枯病、青枯病和根结线虫病等茄子毁灭性土传病害具有较强的抗性，可以减少化学农药的使用量，克服了连作障碍问题，获得高产高效。现将该技术介绍如下：

一、砧木的选择

茄子嫁接栽培的主要目的是了提高其抗病性。因此，砧木选择的首要目标是对土传病害的抗性，兼有良好的生物学特性，如耐寒、耐热和耐涝等。同时，砧木和栽培品种要有较高的嫁接亲和力，嫁接后不能降低其产量和品质。茄子常用的砧木有赤茄、CRP（刺茄）、托鲁巴姆等。

1. 赤茄 茎叶有刺，种子易发芽。赤茄做砧木主要抗枯萎病，中抗黄萎病。黄萎病发病轻的地块可选用此品种，土传病害重的地块不宜使用该品种做砧木。

2. CRP（刺茄） 茎叶上刺较多，高抗黄萎病，种子千粒重 2 克，易发芽。与接穗亲和力好、成活率高，生产中应用较普遍。

3. 托鲁巴姆 对茄子黄萎病、立枯病、青枯病、根结线虫病等土传病害高抗或免疫，抗根腐病能力强，植株生长势极强，适合各种栽培形式。种子千粒重 1 克，难发芽，需激素处理。幼苗初期生长速度极慢，茎叶有刺，嫁接成活率高，耐高温、耐干旱、耐湿、品质好、产量高，生产上应用极为广泛，是理想的砧木材料。以上几种砧木亲和力均较强，嫁接后 7～10 天伤口都能愈合。

二、接穗品种

接穗可根据当地的消费习惯、栽培目的等选用市场畅销的主栽品种，如引茄一号、浙茄系列、抗茄系列等。

三、育苗

（一）播种期
根据生产定植期确定砧木、接穗的播种期。砧木比接穗提前播种：用托鲁巴姆做砧木应比接穗提前 20～30 天播种，GRP 比接穗早播 20 天，赤茄提前 5～7 天播种。

（二）种子处理
1. 砧木 野生茄先晒种 6～8 小时，再用 55℃的热水烫种 30 分钟，然后用 30℃ 的温水浸种 8 小时。洗净种皮上的黏液，用干净纱布包好后催芽。托鲁巴姆砧木种子较难发芽，可采取激素处理：激素处理每千克水加 100～200 毫克赤霉素，将种子放入其中浸泡 24 小时，再用清水浸泡 24 小时，然后放入恒温箱中进行变温催芽处理。一般 4～5 天可出芽，种子露白后即可播种。

2. 接穗　接穗的种子要消毒，以免接穗带有病菌，达不到嫁接目的。种子可先用 55℃ 的温水浸泡 15 分钟，再用 0.3％ 的高锰酸钾浸泡 30 分钟，然后用 30℃ 的温水浸种 8 小时。洗净种皮上的黏液，用干净纱布包好后催芽，温度控制在 25～30℃。每天用清水淘洗 1 次，7 天种子露白后即可播种。若采用变温催芽处理，可提早出芽，且发芽率高。

（三）播种

砧木、接穗播种用的育苗盘、育苗基质等都要消毒，以免带有病菌。育苗盘可用甲醛浸泡消毒，育苗基质可拌入多菌灵可湿性粉剂消毒。将催好芽的砧木种子均匀地播在装满育苗基质的育苗盘内，浇透水，盖上蛭石，再覆盖薄膜保湿，3～5 天出苗后要及时揭膜。

（四）苗期管理

当砧木苗长至 1～2 叶 1 心时，移栽至 50 孔穴盘或 8 厘米×8 厘米营养钵中。接穗育苗方法同砧木育苗，当接穗苗长至 2 叶 1 心时移栽至 72 孔穴盘中。砧木、接穗苗期进行正常管理，防止徒长，适当追施磷钾肥促苗健壮。嫁接前 5～7 天对接穗苗和砧木苗采取控水促壮措施，以提高嫁接成活率。对接穗苗进行适当控水，使中午前后略呈萎蔫状态；砧木苗浇水量也要适当减少，但要求苗的萎蔫程度比接穗略轻，经过此处理后的苗耐旱，嫁接时萎蔫轻，成活率高。

四、嫁接期及方法

当砧木苗长到5～7片真叶、砧木高度10厘米以上、接穗苗长到4～6片、茎粗3～5毫米时，开始嫁接。嫁接时，砧木切口高度3～5厘米，不能过高或过矮，过高嫁接后易倒伏；过矮定植时易埋上伤口，茄子再生根扎入土中而感染土传病害，失去嫁接意义。嫁接方法有劈接和斜切接。砧木与接穗粗细接近时，宜采用斜切接；若接穗较细，砧木较粗时，宜采用劈接法。

（一）劈接

操作方便、成活率高，是茄子嫁接最常用的方法。具体做法：先将砧木3～5厘米处平切，去掉上部，保留2片真叶，然后在砧径中间垂直下切1～1.5厘米，然后在接穗半木质化部化处，去掉下部，保留2～3片真叶，削成楔形，楔形大小与砧木切口相当，将削好的接穗插入砧木切口中，使两者紧密吻合，用嫁接夹固定。如果当时接穗苗偏小、偏细，应使接穗与砧木的茎一侧对齐，这样有利于成活。

（二）斜切接

嫁接速度快、成活率高，是工厂化嫁接常用方法。具体做法：将砧木保留2～3片真叶，用刀片在真叶的上方节间斜削，形成30°左右的大斜面，斜面长1.0～1.5厘米，然后将接穗保留2～3片真叶削成一个同样长短的斜面。将 2 个斜面迅速贴合至一起，对齐，用嫁接夹固定。

五、嫁接苗的管理

茄子嫁接后应立刻放入提前准备好的塑料小拱棚内，及时扣膜保湿，以免接穗萎蔫，夏季可用遮阳网多层覆盖降温、保湿。嫁接苗的管理主要为温度、湿度、光照等环境因素的控制。

（一）温度

茄子嫁接后伤口愈合的适宜温度为 25℃左右，温度低于 20℃或高于 30℃均不利于伤口愈合，并影响嫁接苗成活。9 月中旬气温还很高，尤其中午拱棚内温度很高，接穗易失水萎蔫，降低成活率。因此，需用遮阳网覆盖遮阳降温，白天温度控制在 25～28℃，不超过 30℃，夜间20～22℃，不低于 17℃。5～7 天后，逐步去掉遮阳物，接近自然温度。定植前 5～7 天要适当进行炼苗，以利定植后迅速缓苗生长。

（二）湿度

嫁接后 1 周内，苗床内空气相对湿度保持在 95％以上，有利于嫁接伤口的愈合。及时补充水分，浇水采用向空气中喷雾的方式，注意不要喷到伤口；育苗钵内水不要过多，以免沤根。经过 6～7 天接口愈合后，可揭开小拱棚少量通风，逐步降低湿度，使空气相对湿度保持在85％～90％。10 天后逐渐揭开覆盖物，增加通风时间与通风量，每天中午喷雾 1～2 次，直至完全成活，再转入正常的湿度管理。

（三）光照

嫁接后需遮光，遮光的方法是在小拱棚上覆盖遮阳网。嫁接后 3～4 天需全遮光，后 4～5 天半遮阳（即早晚两侧见光），以后逐渐增加光照，去掉遮阳物，并开始适当通风，经过约 10 天去掉遮光物，转为正常管理。

（四）除萌和取掉固定物

嫁接后的砧木，应及时摘除砧木的萌芽，保证接穗正常生长。嫁接后 20 天左右，去掉固定用的嫁接夹。也可以栽植后去夹。

六、病虫害防治

茄子嫁接苗砧木和接穗小苗主要病害有猝倒病和立枯病，砧木和接穗播种后可用杀菌剂消毒苗床，以防止幼苗出土后感病。如发现病害，在发病初期用 3 000 倍恶霉灵防治；主要虫害有白粉虱、蚜虫等，可用吡虫啉和阿维菌素等药剂防治。

七、出苗

嫁接后 25～30 天出苗。

第五节　衢州水芹土培软化栽培技术

衢州水芹是衢州地方品种，列入 1994 年出版的《浙江省蔬菜品种志》。该品种一般做旱地软化栽培，经培土软化后的水芹洁白如玉、质地柔嫩、甘甜爽口，深受消费者的青睐。水芹富含蛋白质、碳水化合物、钙、磷、铁、多种维生素等营养成分和膳食纤维、黄酮等保健成分。水芹还具有一定的药用价值,有清热、利尿、降低血压和血脂等功效,是一种药食兼用型的保健蔬菜,极具市场开发价值。现将衢州水芹土培软化栽培技术总结如下:

一、育苗

(一)苗床准备

8月中下旬,选择有机质含量丰富的藕田做苗床。藕田采收后,开沟整畦,一般畦连沟宽1.5~2米、沟宽40~50厘米,长度不限。每亩本田需苗床50~100平方米。播母茎前畦面施复合肥20千克。

(二)播种

从留种田割取水芹老熟花茎,每亩本田需母茎75~100千克。清洗,去病叶后,用菜刀切成10~15厘米长的茎段。然后在畦面上均匀撒播,最后用畚箕轻轻地压入糊状的床土里,深度以母茎未露出土面为宜。

(三)苗床管理

育苗前期气温高,不利于出苗。播种后应在畦面上支平棚盖遮阳网降温、保湿,出苗后揭去遮阳网。出苗前畦沟内要保持浅水,出苗后放干田水。如遇干旱天气,有条件的可以用冷水串灌,降低地温。出苗后30天,苗高12~15厘米时移栽。

二、定植

(一)地块选择

根据经验,水芹栽植田以土层深厚、有机质含量高、保水力强、排灌条件好的藕田为宜。

（二）整畦施肥

整畦前 1 周开沟筑畦，畦连沟宽 1.5～2 米，沟深30～35 厘米，宽 40～50 厘米。在畦面横向开定植沟，定植沟距 45～50 厘米，沟深 20～25 厘米。定植前，在定植沟底撒施复合肥 40 千克/亩。

（三）定植

每丛栽 3～4 株，株距 15～20 厘米，亩栽 4 000～5 000丛，保苗 12 000 株×16 000 株。栽后要及时浇淡肥促活。

三、肥水管理

追肥一共 4 次，缓苗后追施第一次，一般隔 10～15天施肥 1 次。前三次每次亩施碳胺 10～15 千克，兑水浇施。最后 1 次施肥在培土前进行，亩施复合肥 20～30 千克，施于沟底。

水芹喜水、忌旱，干旱会造成纤维增加，品质下降。根据水芹喜水特性，定植后要经常灌水，保持畦面湿润。

四、培土软化

植株长至 30～40 厘米高时，进行深培土一次。培土前先将行间的垄土用锄头掏细，然后将植株边垄土培至植株旁，使原垄变成沟底，定植沟变成垄。培土高 20～30厘米，以苗尖露出土面 5～10 厘米为宜。培土时要小心操作，避免弄伤植株，引起烂茎。培土 20～30 天后即可采收上市。

五、病虫综合防治

贯彻"以防为主，综合防治"理念，重视农业健身栽培，以防为主，减少化学农药的施用。水芹病害主要有茎腐烂病、锈病。虫害有蚜虫、夜蛾类等害虫。

（一）水芹茎腐烂病

近年来发现的一种毁灭性病害，病原不明，主要在培土后发生，严重时发病率高达30%～50%。经过多年的摸索，总结出防治水芹茎腐烂病的综合措施：

1. 与莲藕进行水旱轮作 藕叶茎还田，提高有机质含量，改善土壤的通透性，增强水芹抗病性；水旱轮作，改善了土壤中的菌群结构，土壤中有益菌增加，有害菌减少（大部分有害菌属好氧菌在长期淹水条件下缺氧死亡），从而减轻病害的发生。

2. 增施有机肥料、磷钾肥 促进植株生长健壮，提高抗病能力。

3. 母茎消毒 播前要清洗母茎，并用恶霉灵喷洒消毒，防止母茎带入土传病害。

4. 推迟培土 早熟栽培的培土时间推迟至11月初，避免土温过高诱发水芹茎腐烂病。

5. 药剂辅助 定植成活后开始喷施70%代森锰锌可湿性粉剂800倍液1～2次预防病害，发病初期用30%恶霉灵水剂1 000倍液浇淋病株及其周围植株基部进行防治。

（二）水芹锈病

主要为害叶片。防治方法：适时适量追肥，增施磷钾肥，防止偏施氮肥引起植株旺长、抗病力下降。发病前用75％百菌清可湿性粉剂600倍液、70％代森锰锌可湿性粉剂800倍等交替防治，发病初期用25％乙嘧酚悬浮剂1 000倍液、50％翠贝干悬浮剂3 000～4 000倍液等防治，隔7～10天左右1次，连续防治2～3次。

（三）蚜虫

春秋季均会发生。防治方法：药剂可用10％吡虫啉乳油1 000倍、70％艾美乐乳油4 000倍等交替防治，隔7～10天防治1次，连续防治2～3次。

（四）夜蛾类害虫

发生在秋季。防治夜蛾幼虫的关键时期是卵孵化盛期至1～2龄幼虫高峰期。药剂可用5％抑太保乳油1 500倍、20％氯虫苯甲酰胺水分散剂2 000倍液等交替防治，隔7～10天防治1次，连续防治2～3次。

六、采收

培土20～30天后即可陆续采收，早熟栽培的水芹11月中下旬开始采收，迟栽的水芹，可延收至翌年3月下旬。采收时，先扒去植株旁的覆土，然后用铁锹从水芹根基部铲起，清理烂泥后装筐，洗净后扎成把出售。

第六节　碧绿苦瓜高产栽培技术

苦瓜是瓜类蔬菜中维生素C含量最高的蔬菜，营养丰富，清香可口，具有清凉解毒的功效。因此，特别适合夏秋季节食用。

碧绿苦瓜是我国台湾农友种苗有限公司选育的杂交一代苦瓜新品种，与传统品种最大的区别是该品种具有较强的耐热性，普通条件下露地栽培能顺利越夏，连续生长。而一般品种春季播种，5月初采收上市，夏秋栽培需8月中旬再次播种至11月采收上市。衢州市2006年引进试种，由于该品种表现生长势旺盛，抗性强，产量较高，品质较优，市场竞争力强，深受种植农户、消费者和返销大户的欢迎，种植面积不断扩大。

一、品种特性

碧绿苦瓜品种表现生长势强，茎基部粗壮，分枝旺盛，爬蔓能力强。植株耐热性、抗病性强，耐寒性中等偏下，适宜夏秋露地栽培。瓜皮亮翠绿色，呈长棒状，苦味中等，高产，品质优。

碧绿苦瓜夏秋露地栽培宜在3月中下旬播种，4月中下旬定植，5月中下旬开花，6月上中旬上市。由于耐热性较强，碧绿苦瓜可较好越夏，收获期可持续到10月底。碧绿苦瓜也可以用作秋季栽培。春季栽培主蔓第一雌花节位一般着生于12～16节，秋季栽培一般在第14～18节，从开花到采收一般18～22天。

碧绿苦瓜瓜皮亮翠绿色，纵条间圆瘤。瓜长30～40厘米，横径6～8厘米，瓜肉厚约2.0厘米，单瓜重400～650克，每亩产量在5 500千克。

二、高产栽培技术要点

(一)培育壮苗

由于碧绿苦瓜种子壳厚,较难发芽,播种前要浸种催芽。用55℃左右的热水浸泡搅拌种子、烫种20分钟,然后将温度控制在30℃时继续浸种12~15小时,捞出洗净后用干净的纱布包好,在30℃左右环境下催芽。尚未发芽之前的种子,必须每天用清水擦洗1次,除去种子表面黏液,防止种子发霉腐烂,促进种子早发芽。先露白的种子先播种,采用营养钵育苗移栽的方式进行。

碧绿苦瓜在金华地区夏秋露地栽培,播种期为3月中下旬。由于春季气温较低,要注意做好防寒、保温工作。一般采用大棚或小拱棚育苗,秧苗成活后要加强通风透光,使棚内温度控制在18~25℃。

(二)施肥基肥,及时定植

碧绿苦瓜植株生长势旺,分枝多,叶面积大,生长期长,产量高,对肥水要求高,宜选择排灌条件良好、耕层较深、富含有机质、肥沃疏松的土壤种植,不宜与瓜类、茄类作物连作。整地做畦要求深沟高畦,畦面宽1.5~1.7米,沟宽40厘米,深25厘米。为了发挥碧绿苦瓜品种耐热、连续生长及其丰产的优势,移栽前需要施足基肥,每亩施腐熟农家肥3 000千克为宜,同时施用复合肥50千克左右。

移栽的苗龄春季育苗35~45天,夏秋季育苗15~20天,幼苗有4~6片真叶时定植,一般选择气温稳定后的阴天或晴天下午进行,单行种植,每亩栽80~100株。定植不可过深，以免造成烂根而引起死苗。定植后，配合杀虫、杀菌剂浇足定根水促其缓苗。

（三）及时搭架上蔓

当植株高 50 厘米或出现卷须时，及时搭架引蔓。一般采用平棚架或人字架。平棚架较坚固且通风透光好，有利于茎蔓生长，促进多结瓜、结优瓜；普通的人字架虽省工、省料，但影响商品性。架高约 2.5 米，用尼龙绳等间隔 30～40 厘米左右平行绕线，以利苦瓜枝蔓上架。

（四）整枝通风

碧绿苦瓜分枝能力较强，在引蔓上架时，需摘除主蔓 1 米以下的全部侧枝，以集中营养确保主蔓生长粗壮，叶片肥大，萌发新枝，并为开花结果积累养分。上棚架后调整藤蔓距离和方向，促使藤蔓分布均匀，防止相互缠绕遮阳。在旺盛生长期如出现侧枝过密，为了促进良好坐果，要及时摘除植株下部的黄叶、老叶和其他病叶，适当摘除一些弱小侧枝，以控制营养生长，便于通风采光，提高光合效率。

（五）加强肥水管理

碧绿苦瓜生长期较长，且分枝能力、连续结瓜能力强。因此，要加强肥水管理。成活后控制浇水，保持土壤湿润即可。进入开花结果期需水较多，每次在摘瓜前进行，切忌缺水；但也不能长时间积水，可根据土壤干湿情况合理调整。追肥应在施足基肥的基础上，掌握好"苗期轻施，开花、结果期重施肥"的原则，注意氮、磷、钾的平衡。前期适度追肥以促其茎叶生长。结果期营养供应不足时，果实易畸形。一般采收 2 次追施 1 次肥，每亩追施复合肥 25 千克，结合喷施磷酸二氢钾叶面追肥，可促进花芽分化和保花保果。

（六）预防病虫害

1. 苦瓜主要病害

（1）枯萎病。采用苦瓜嫁接技术可有效防止枯萎病的危害。化学防治可采用 77％氢氧化铜 46％水分散粒剂 500 倍液或 70％甲基托布津可湿性粉剂 600 倍轮换喷施。每隔 5～7 天用药 1 次，连用 2～3 次。

（2）霜霉病。用 72％代森锰锌加霜脲氰可湿性粉剂 600 倍液、40％百菌清悬浮剂 600 倍等防治，每隔 5～7 天喷 1 次，连喷 2～3 次。

（3）白粉病。发病前期用 50％醚菌酯干悬浮剂 3 000～4 000 倍液，或 25％乙嘧酚磺酸酯微乳剂 800～1 000 倍液喷雾，每隔 7 天喷 1 次，连喷 2 次。

2. 苦瓜主要虫害

（1）斜纹夜蛾。药剂可选用 5％抑太保乳油 2 000 倍液或 5％氟虫脲乳油 2 000 倍液（在卵孵化高峰期用药）喷雾防治。

（2）蚜虫。用 10％吡虫啉可湿性粉剂 1 000～1 500 倍或用 20％啶虫脒乳油 3 000 倍液喷杀。

选药时，要充分考虑其他病虫害的兼治效果和药剂的交替使用，以延缓抗药性产生。

三、适时采收增效益

碧绿苦瓜连续采收期长，6 月上旬开始采收，管理良好可以采收到 10 月底，从开花到采收一般 18～22 天。适时采收、及时追肥有利于苦瓜连续坐果。采收一般在清晨进行，一般以瓜皮翠亮绿色、圆瘤饱满时便可采收。

第七节　高山四季豆高产栽培技术

近年来，随着衢州市山地蔬菜产业的不断发展，高山四季豆的种植面积逐步扩大。四季豆食用嫩荚，一般花后7～10天就可采收。当荚条粗细均匀、荚面豆粒未鼓出时为采收佳期，盛荚期每天采收1次，后期可隔天采收，以傍晚采收为好。四季豆一般亩产可达2 000～2 500千克，亩产值约7 000～10 000元，经济效益比种植其他旱粮作物增加4～5倍。现将主要栽培技术总结如下：

一、地块选择

选择土层深厚、富含有机质、疏松肥沃、排水良好、pH 6～7的沙壤土或壤土。海拔以500～800米的朝阳地块为好，日夜温差大，有利于四季豆的生长，采摘期达70余天。

二、播期确定

海拔700米以上的山区可在6月上中旬播种，600～700米的在6月下旬播种，500米左右的山区播期掌握7月上中旬。

三、整地施肥

深翻土地、耙细泥土、深沟高畦，连沟畦宽为1.4

米，畦面 0.9～1 米宽。基肥一般每亩施有机肥料 1 500～
2 000 千克、复合肥 30～40 千克、石灰氮 10～20 千克、
硼锌肥 100 克及辛硫磷颗粒剂 2～3 千克深翻耙匀。

四、消毒播种

选用粒大、饱满、无病虫的种子，播前可用 2.5%咯
菌腈悬浮种衣剂拌种消毒，每 5 千克种子 1 包 2.5%咯菌
腈悬浮种衣剂。若土壤干燥，畦面先要浇足水后再播种，
每畦种 2 行，行距 65～70 厘米，穴距 25～30 厘米，每穴
播种子 3～4 粒，亩用种量 2～2.5 千克，下种覆土后及时
喷施乙草胺或禾耐斯封杀除草。同时，应播"后备苗"用
于移苗补缺。播种后采取覆盖青草、浇水抗旱等方法，确
保全苗、壮苗和健苗，为四季豆高产奠定基础。

五、田间管理

（一）间苗补苗

播种后 7～10 天要进行查苗补苗，并做好间苗工作，
一般每穴留健苗 2 株。

（二）促进壮苗

当幼苗长叶 2 片时，结合治虫防病可喷施天然芸苔
素，促进幼苗健壮生长。

（三）搭架铺草

在"甩蔓"前及时搭架，选用长 2.5 米小竹棒搭人字
架。当蔓上架后，畦面铺草，以利降温保墒。

（四）肥水管理

根据四季豆的生理特性，要施足基肥，少施追花肥，

重施结荚肥。延长四季豆结荚期，促进二藤结荚，其关键技术是要及时追肥，养根护根，防止根系早衰。一般要求每采 3 次，施一次结荚肥，施 5～7 次，每次亩施复合肥 10～15 千克。根外追肥可结合病虫防治，在药液中加入 0.2％"磷酸二氢钾"及 10 克钼肥进行喷雾，提高坐荚率，以达高产的目的。

(五) 疏叶、打顶

四季豆植株长满架时要及时打顶。同时，要清除老叶、病叶，以利植株通风透光，防止落花落荚，达到提高产量的目的。

(六) 病虫防治

虫害主要有豆野螟、蚜虫等。防治豆野螟在初花期可选用 2％阿维菌素乳油 1 000 倍液喷雾；结荚期可选用高效低毒低残留农药"BT"生物农药 1 000～1 500 倍液，或用 5％氯虫苯甲酰胺悬浮剂 1 500 倍液进行防治。防治方法：应在傍晚打药，并掌握"治花不治荚"的原则。蚜虫防治可用 10％吡虫啉可湿性粉剂 1 500 倍液农药进行喷雾。病害主要有锈病、炭疽病、细菌性疫病、根腐病。锈病可用 20％三唑酮乳油 1 000 倍液或 50％多菌灵可湿性粉剂 800 倍液喷雾；炭疽病可用 40％的溴菌腈乳油或 10％苯醚甲环唑水分散粒剂 1 500 倍液喷雾；细菌性疫病可用新植霉素 3 000 倍液喷雾；根腐病可用 70％敌磺酸钠可湿性粉剂 500 倍液或氢氧化铜 46％水分散粒剂 500 倍液浇根。可喷 2.5％咯菌腈悬浮种衣剂 1 000 倍或 72％霜霉威水剂 800 倍液加 50％福美双可湿性粉剂 500 倍液的混合液。

六、适时采收

作为嫩荚食用的四季豆，一般花后 8～10 天就可采收，应坚持每天采收一次，既可保证豆荚的品质及商品性，又可减少植株养分消耗过多而引起落花、落荚，从而提高坐荚率、商品率。

第八节　山地黄瓜高产栽培技术

一、品种选择

选择津优 1 号、津绿（春）4 号、中农 8 号等适应性强，抗病、抗逆性强，耐热，丰产优质的中、晚熟黄瓜品种。

二、播种

（一）播期

低海拔山区可种春秋两季，春季 3 月中旬至 4 月上旬播种，秋黄瓜 8 月上中旬；高海拔 500 米以上山区种植一季，从 4 月下旬至 7 月上旬分批播种。

（二）种子消毒

具体作法：用 50％多菌灵可湿性粉剂 500 倍液浸种 1 小时或高锰酸钾 1 000 倍浸种 15～20 分钟，捞出洗净后进行催芽播种。

（三）育养钵育苗

提倡采取营养钵育苗。营养土用蔬菜育苗专用基质，也可自配营养土（60％菜园土加40％腐熟畜禽粪混合均匀后而成）。每钵一粒，播后盖土。

（四）苗期管理

早春育苗要搭建小拱棚，加强肥水管理，加强病虫害防治，出苗成活后5～7天喷施第一次药剂，配方"艾美乐＋恶霉灵＋天然芸苔素"；第一次药后10～15天喷施第二次药剂，配方"艾美乐＋百泰＋天然芸苔素"。

三、定植

（一）整地施基肥

亩施优质有机肥料（腐熟厩肥等）2 000～3 000千克，复合肥（15 - 15 - 15）30～40千克，硼砂1千克，沟施于黄瓜种植行之间或全田撒施，同时可用50～100千克石灰调节土壤酸碱度，采用深沟高畦，畦宽120～130厘米（连沟），畦面净宽80～90厘米。

（二）定植

带土移栽，苗龄25～30天，3叶1心。每亩栽苗2 500株，株距40厘米，定植后及时浇定根水，定根水为500～600倍的多菌灵可湿性粉剂可防根部病害。

黄瓜也可采取直播。每穴播1～2粒种子，亩用种量150～200克。具体方法：畦面精细整平后，在畦面开两条线沟，浇足底水，然后进行穴播。播后覆细土1厘米，再覆盖秸秆，防止暴雨冲刷和保持土壤湿度。出苗后及时揭除覆盖物，同时在田边做一部分营养钵，并与大田种子同时播种，为补苗做准备。

四、田间管理

(一) 水肥管理

苗期不旱不浇水，摘根瓜后进入结瓜期和盛瓜期，需水量增加，要因长势、天气等因素调整浇水间隔时间，浇水宜选在晴天上午进行；结瓜初期，结合浇水追肥 1～2 次，结瓜盛期每隔 7～10 天结合浇水追施 7～10 千克复合肥，另外用 0.5％磷酸二氢钾和氨基酸肥叶面喷施 2～3 次。

(二) 植株调整

当植株高 25 厘米时要及时搭架绕蔓、整枝，根瓜要及时采摘，摘除 40 厘米以下侧枝，以上侧枝见瓜留 1～2 叶摘心；主蔓爬满架时，应摘心，促侧蔓生长，多结回头瓜。结瓜期遇高温可用高效座瓜灵保花保果，减少畸形瓜，喷花要均匀，并适当降低浓度。

(三) 病虫害防治

定植稳苗后 (或直播出苗 5～7 天) 第一次用药，配方"恶霉灵＋艾美乐＋天然芸苔素"；隔 10～15 天喷施第二次药剂，配方"吡虫啉＋阿维菌素＋64％恶霜灵锰锌可湿性粉剂＋天然芸苔素"。结瓜期每隔 10～15 天喷施一次药剂，不同药剂配方轮换使用 ("丙森锌 70％可湿性粉剂＋3％中生菌素可湿性粉剂＋20％氯虫苯甲酰胺悬浮剂")。

第九节　大棚冬春蔬菜秧苗管理要点

随着农业技术的发展，农作物的栽培季节被大幅度延长，原春季才能播种的作物尤其是蔬菜、瓜果等，通过应用设施栽培，播种期提前到早春甚至冬季，这样大大增加了栽培管理的难度。若管理水平跟不上，容易造成僵苗、死苗甚至大面积报废。近几年，笔者开展了蔬菜瓜果示范生产，在冬春季蔬菜瓜果育苗环节重点抓好肥水管理，做好病虫防治，培育的秧苗素质好，示范效果明显。

一、冬春季育苗的特点

（一）低温阴雨天气频繁

冬春降雨一般在单位时间内的雨量不大，但连续时间却很长，极易形成长时间的阴雨低温高湿环境，植株正常的生理代谢受到抑制，抗性下降，有利于病害发生。

（二）光照不足

冬春季节一方面是光照时数短；另一方面是光照强度弱，不利于作物光合产物的积累。

（三）植株抗性差

苗期植株根系活性差（尤其是种子储藏营养消耗完毕时）对低温等恶劣环境的抵抗能力本身较弱。在反季节栽培条件下，植株的抗病能力更是大幅度降低。

二、管理技术要点

（一）肥水管理

1. 营养土配方施肥　除常规用肥外，冬春育苗需强调加入一定量的腐熟有机肥料或纯有机肥料。可以在补充作物大量元素的同时，保持中、微量元素供应的平衡。因为有机肥料能很好地改善土壤的通透性，从而增强作物根系活力提高抗逆、抗病能力。

2. 结合灌水追施化肥　秧苗的好坏是蔬菜瓜果能否及早上市并获取高产的关键因素，但幼苗期的秧苗对外界有害物质一般很敏感。所以，一定要使用吸收率高、无副作用的营养肥料。例如，纯品磷酸二氢钾 1 500 倍＋氨基酸冲施液肥 500～1 000 倍或翠康生力液 1 000～2 000 倍促使生根，提高秧苗抗性。

3. 根外追肥　选择晴天下午喷施，纯品磷酸二氢钾300～500 倍或天然芸苔素叶面肥 1 500 倍。

4. 水分管理　一般苗床或营养土在播种前提前一天浇足水分，第二天进行翻耕和装营养钵，平时水分管理看土壤含水量来确定是否浇水，严寒季节尽量不浇水，天晴温度高适量多浇，阴雨天不宜浇水，否则会加重病害蔓延。

（二）光温管理

晴天白天 25～30℃，阴天白天 18～20℃，夜间比白天低 5～10℃，出苗期（芽期）和移植成活期应尽量控制在 25～28℃促使迅速出苗和根系生长。长久阴雨天气突然转晴、光照强度过大时，适当遮阳，否则蒸腾与吸收不平衡，秧苗会失水枯叶。

（三）通风换气

播种出苗期应密闭大棚，不通风，出苗后至移植前随时注意通风换气，以利降低棚内温湿度，增加大棚内二氧化碳含量。通风换气必须随气温高低来确定，一般早晨 9 时开始通风，下午 4 时闭棚。

（四）病虫害防治

冬春季节的主要病虫害有立枯病、猝倒病、灰霉病等低温病害和蚜虫。应贯彻"预防为主、综合防治"的方针，做好以下几个方面的工作就能大幅度减少病害发生的概率与严重程度：

1. 营养钵营养土的选用　选用近几年没有种过同类蔬菜的菜园土或水稻土，最好用长年种植水稻的田土，以防止病害直接传播给菜秧。

2. 加强通风　降低棚内空气湿度。

3. 做好营养土的消毒　用70％甲基托布津可湿性粉剂1 000倍液拌土或用100倍福尔马林液拌土后，用地膜密封2天后揭膜通风即可用。

4. 药剂防治　菜苗移栽后用2.5％咯菌腈悬浮种衣剂3 000倍液或用70％甲基托布津可湿性粉剂1 000倍液浇根，苗期可用50％腐霉利可湿性粉剂700倍液防治灰霉病。

第十节　大棚草莓栽培技术

草莓为宿根性多年生常绿草本植物，属蔷薇科。其果实色泽艳丽，柔软多汁，酸甜爽口，气味芳香，营养丰富，有"水果皇后"之美誉，深受国内外消费者的喜爱。大棚草莓9月定植，11月结果，到翌年5月结束。不仅丰富了冬春果品市场的花色品种，而且时逢元旦、春节等传统节日，市场需求旺，产品售价高；草莓栽培较容易，管理方便，生产成本低，产量高，收益好。每亩产值可达2万～4万元，纯收入1.5万～2万元。大棚草莓已成为衢州市农村进行农业产业结构调整、发展乡村旅游、高效农业重点选择的品种之一。

一、品种的选择

目前，草莓主栽品种以从日本引进的红颊、章姬为主。红颊果型大、果实硬、口味佳、产量高、外观漂亮、商品性佳，抗白粉病；缺点是不抗炭疽病、育苗难。章姬果型大、有奶油香味、抗白粉病；缺点是果实太软、不耐储运、不抗炭疽病、育苗难，是适合就近销售和采摘游的品种。

二、育苗

（一）苗地准备

选择灌排方便、土壤疏松、没种过草莓的地块做育苗地，若是连作田块需进行消毒处理。定植前一周深翻，翻地前每亩撒施腐熟有机肥料 2 000 千克、复合肥 25～30 千克，翻耕后整成 1.5～1.8 米宽（连沟）的畦。要求三沟配套，以防田间积水。

（二）母苗的选用

最好选用专用草莓脱毒母苗。若使用生产园的植株，要选择无病害、生长健壮的植株做母苗，于 9～10 月移栽到母株圃集中管理，不让其开花挂果。翌年 3～4 月做母株移植于育苗田。

（三）母株定植

定植时间以 3 月下旬至 4 月上中旬为宜，带土移栽，可在畦两侧双行或畦的中间一行定植，株距 40～60 厘米，一般亩栽 1 000～1 200 株。

（四）田间管理

1. 激素处理 母株成活后喷施 50～100 微克/克赤霉

素，隔一周后再喷一次。7月上中旬，子苗布满畦面后容易出现徒长，可用矮壮素2 000微克/克，或多效唑50～75微克/克，或5％烯效唑20微克/克喷施2次，间隔15天，抑制匍匐茎的产生，促进前期形成的匍匐茎苗生长健壮，减少产生不必要的小苗，同时提高植株抗性。

2. 摘花序、引蔓压蔓等　及时摘除花序。抽发匍匐茎后，理匀匍匐茎，以免重叠、交叉，影响幼苗均匀生长，并在产生匍匐茎苗的节位上培土压蔓，促进及时生根。匍匐茎太密时，可疏除部分细弱茎，发现无根苗时，应及时重新培土；经常掰除老叶、病叶和清理病株。当每亩苗数达3万～4万株时，挖除繁苗的母株及母株周边的老化苗，剪除与母株相连的匍匐茎，并对匍匐茎进行摘心。

3. 水肥管理　施肥要实行前促后控。4～6月是子苗繁育的主要阶段，肥料应重施，7月以后要控制苗的生长，肥料尽量少施或不施肥。忌施氮肥过多造成草莓苗旺长。8月中旬以后停止施肥。梅雨季节要注意排水防涝。7～8月高温干旱季节必须采取覆盖遮阳网、勤灌水等措施，抗高温干旱保苗。

4. 遮光处理　一般8月中旬开始用遮光率50％～60％的遮阳网，遮阳20天左右，日盖夜揭，促进花芽分化。

5. 病虫草害防治　草莓苗田容易发生草害。定植前3～5天苗床每亩用敌草胺75～100毫升，加水45千克喷雾封面，可有效地控制杂草。草莓苗生长期间最好用人工拔草。

草莓苗期病虫害较多。虫害有红蜘蛛、蚜虫、地老虎和斜纹夜蛾等，病害有炭疽病、叶斑病和白粉病等。注意加强防治。

三、定植前准备

（一）土壤消毒

利用 7～8 月高温季节的太阳热能，进行土壤消毒。具体做法：清除田间杂草杂物，每亩撒施石灰氮 50 千克，翻入土中，灌足水，并用农膜盖严畦面，然后将大棚密闭 15～20 天以上，可达到有效地消灭土壤中的病原菌。

（二）整地施基肥及化学除草

定植前 15 天进行施基肥翻耕、整畦。翻耕前每亩施优质腐熟农家粪肥 2 000 千克、过磷酸钙 50 千克、复合肥 50 千克。深翻后，精细整地，起垄做畦：畦面宽 50 厘米，沟宽 30～40 厘米，畦高 25～30 厘米。8 米宽大棚整 6 畦加 2 个边畦。每畦安装 1～2 条滴灌带。定植前 3～5 天，每亩用施田补 125 毫升加水 50 千克均匀喷洒一遍。

四、定植

浙西地区 9 月上中旬为定植适期。要随挖随栽、带土移栽。选用壮苗，淘汰弱苗、病苗、无心苗。栽前摘去秧苗的老叶、病叶，只保留 3～4 叶 1 心，减少水分蒸发，有利成活。每畦栽 2 行，行距 30 厘米，株距 20 厘米。每亩栽 6 000 株左右。采用单畦双行三角形种植，草莓苗弓背朝外。定植深度以使苗心基部比畦面略高为宜，做到"深不埋心，浅不露根"。定植后，要立即浇定根水，第一次浇水量要大，要浇透。

五、田间管理

（一）扣棚覆膜

一般在 10 月下旬至 11 月上旬覆盖大棚膜、盖地膜。地膜宜选用 1.5 米宽的黑色地膜，并全园覆盖，有利于降低田间湿度、清洁化生产。12 月上旬覆盖内膜保温，内膜须用新的无滴膜。

（二）水肥管理

定植后 3 天内每天早晚各浇水 1 次，第 4～7 天，每天傍晚浇水 1 次，以后逐渐减少浇水量。活棵后畦面宜干湿相间，以潮为主，利于根系生长和发棵。草莓苗定植成活后判断是否该浇水，可通过早晨观察叶面水分确定。如果早晨在叶缘见到水滴，可认为水分充足，否则应灌水。

草莓需肥量较大，除了要施足基肥外，还应适时适量进行追肥。第一次追肥在顶花序顶果达到拇指大小时，第二次追肥在顶果开始采收时，第三次追肥在顶花序果的采收盛期进行。追肥和灌水结合，每次每亩施氮磷钾（20 - 20 - 20）水溶肥 5～10 千克，还可用 0.2％磷酸二氢钾、0.2％尿素、钙、硼肥等叶面肥进行根外追肥。3 月气温升高后施肥量酌情减少。

（三）温、湿度管理

定植后遇高温可用遮阳网覆盖，促进缓苗。大棚保温初期，白天大棚温度应保持 30℃左右，夜间温度保持在 10℃以上。顶花序开花后果实膨大期和成熟期，白天棚温保持 20～25℃，夜晚保持在 5℃以上。果实膨大期或温度过高，成熟快、果变小。因此，棚温高于 25℃ 时要注意通风降温。

湿度对草莓开花授粉影响大。湿度大，草莓花药开药率和发芽率低，开花后大棚内应尽量保持 50%～60% 的相对湿度。即使在寒冷的冬天，白天也要利用中午气温高时，揭膜通风换气，以降低棚内湿度。

(四) 植株整理

顶花序抽出前，只需保留一个顶芽即可，待顶花序抽生后选留 1～2 个方位好、粗壮的腋芽，其余掰掉。及早摘除病老叶片、匍匐茎、侧芽。结果期每个芽留 4～5 片绿叶，每株保留 10 片绿叶；及时疏除高级次花、病果、小果、畸形果，每批花序只保留 5～6 个果。每批果采收结束后掰掉老花茎。

(五) 放养蜜蜂

大棚草莓放养蜜蜂可促进草莓授粉受精，减少畸形果，提高坐果率，提高产量。11 月上旬开始放养蜜蜂，每棚一箱，放养期间要及时喂养花粉及糖水。如棚内病虫害发生严重、必须喷药或烟熏时，要把蜂箱搬到棚外。

六、病虫害防治

坚持"预防为主、综合防治"的原则，实行农业防治、物理防治、生物防治与化学防治相结合，以降低农药残留，提高草莓安全水平。

(一) 病害

病害主要有白粉病、炭疽病、黄萎病、叶斑病和灰霉病等。

1. 黄萎病 以防为主，药剂防治为辅。重点采取水旱轮作、土壤消毒。移栽时，用25％吡唑醚菌酯乳油（凯润）1 500～2 000倍液或60％吡唑醚菌酯代森联800～1 000倍液蘸根，带药下田；发现黄萎病株时，及时拔除并补栽。补栽后可选用60％吡唑醚菌酯代森联800～1 000倍液，或20％噻菌铜600倍液，或30％恶霉灵水剂1 000倍液灌根。

2. 灰霉病　主要为害果实、花及花蕾，叶、叶柄及匍匐茎。防治方法：合理密植，避免过多施用氮肥，防止茎叶过于茂盛，增强通风透光；及时清除老叶、枯叶、病叶和病果，带出菜田销毁或深埋，减少传播；全园地膜覆盖，及时通风透光，降低棚室内的空气湿度。为减少农药残留，建议选用10％腐霉利烟剂或45％百菌清烟剂，每亩用药200～250克；硫黄蒸熏，每7～10天1次。

3. 炭疽病　苗期及定植初期要重点防治。采用避雨育苗可减少炭疽病的发生。发病初期可选用25％咪鲜胺乳油1 000倍液，或60％吡唑醚菌酯代森联水分散性粉剂600倍液，或25％凯润乳油1 500倍液等喷雾防治。

4. 白粉病　发病初期可选用3亿CFU/克哈茨木霉菌叶部型可湿性粉剂300倍，或枯草芽孢杆菌800～1 000倍，或95％矿物油200～400倍，或丁香·芹酚600倍液，或10％多抗霉素600～800倍等液防治；或用硫黄蒸熏。

5. 叶斑病　主要发生在苗期和定植初期。选用60％吡唑醚菌酯代森联水分散性粒剂800倍液或70％代森联水分散粒剂500倍液等防治。

(二) 虫害

主要有白粉虱、蚜虫、螨类、小地老虎和斜纹夜蛾等。

1. 白粉虱、蚜虫　在点片发生期选用 70％艾美乐水分散粒剂 3 000～4 000 倍液或 5％啶虫脒可湿性粉剂 1 500 倍液等喷雾防治。结果期用矿物油 99％乳油 300～400 倍液防治。还可利用黄板防治。

2. 螨类　当保温工作开始后进行重点监测，在点片发生期及时摘除有虫叶，减少虫源。结果期用 99％矿物油 300～400 倍液防治。

3. 小地老虎　翻地前每亩撒施辛硫磷或毒死蜱颗粒剂 2～3 千克。

4. 斜纹夜蛾　6 月始发，为害盛发期为 7～9 月。防治方法：用性诱捕器、杀虫灯诱杀；当田间虫口基数偏高时，可选用 5％甲维盐乳油 2 000 倍液，或 1％阿维菌素可湿性粉剂 800 倍液，或 24％氰氟虫腙悬浮剂 750 倍液，或 5％氯虫苯甲酰胺悬浮剂 1 500 倍液等防治。

七、适时采收

果实八九成熟时采收。为提高产品质量，降低农药残留，采收时须严格掌握农药安全间隔期。采摘时要轻摘、轻拿、轻放，不要损伤花萼，同时要分级盛放并包装。

第十一节　浙西地区露地丝瓜高产栽培技术

丝瓜为葫芦科攀缘性草本植物，普通丝瓜又名水瓜、天萝瓜。丝瓜是我国城乡居民非常喜欢食用的蔬菜，栽培面积较大，也是农民最喜欢的种植蔬菜之一。

一、品种选择

衢州地区主栽丝瓜品种有衢丝1号、五叶香丝瓜、春丝一号和江蔬一号等。其中，种植面积最大的品种为衢丝1号和五叶香丝瓜。建议选择这两个品种，它们共同具有产量高、熟期适中、品质优、适应性广和抗逆性强等特点，适合露地栽培，每亩产量在3 000千克以上。

二、育苗技术

(一) 种子处理

1. 晒种 3月上中旬开始播种，播前进行晒种可提高种子中酶的活性，促进种子后熟，改善种皮透性，提高发芽势和发芽率，一般浸种之前晒种2～3天。

2. 种子消毒，浸种催芽 种子消毒可用0.1%高锰酸钾或者10%的磷酸三钠，先预浸5小时，然后用0.1%高锰酸钾或者10%的磷酸三钠种子消毒15分钟，捞出清水冲洗1～2次，后放在28～30℃的条件下催芽。每天用清水冲洗1～2次，待种子全部露白后播种。

(二) 播种育苗

育苗畦要支好拱条，准备好薄膜。采用营养杯育苗，这样可以培育壮苗，避免移栽时伤根。营养杯选用8厘米×10厘米规格，建议使用专用蔬菜育苗基质，育苗基质先预湿然后装入杯内。并把营养杯整齐排入育苗畦内，播种时将催过芽的种子摆放在营养杯内，每个营养杯放1～2粒种子，播后立即覆1.5～2厘米的蛭石或细土，浇透水，盖好地膜，拱条上覆盖薄膜。

三、整地定植

（一）整地

丝瓜喜光、喜肥水，应选择光照好、排灌水方便、土质肥沃、湿润、有机质含量高、保水保肥能力强的壤土或黏壤土田块种植。整地做畦前施足基肥，亩施商品有机肥料 500 千克，氮、磷、钾复合肥（15 - 15 - 15）50 千克。起畦种植，畦面宽 1.6 米，畦高 35 厘米，沟宽 30～40厘米。

（二）定植

定植时间一般在 4 月中下旬，待丝瓜长出 3～5 片真叶、气温稳定在 20℃左右时即可定植，采取单行种植，行距为 150～200 厘米，株距为 80～100 厘米，每亩定植600 株左右。定植后及时浇透水。注意检查植株缓苗情况，发现缺苗及时补苗。

四、田间管理

（一）搭架引蔓、整枝压蔓

丝瓜分枝力强，主蔓、侧蔓都能结瓜，应根据叶蔓生长情况进行整枝和引蔓。春种丝瓜幼苗高 20～25 厘米时应插杆搭架，待雌花出现后将基部侧蔓除去，上架后如侧蔓过多影响光照，可适当摘除一些较密或较弱的侧蔓，以利通风透光，减少病虫害的发生。

（二）及时理瓜

丝瓜开花坐果后，要及时清除影响幼瓜生长的卷须，理顺幼瓜与瓜架、瓜蔓及叶柄的位置，使丝瓜长得更直、更长，使丝瓜的外形更加美观。

（三）合理追肥

丝瓜苗容易徒长，生长前期应避免偏施氮肥，坐果后加强追肥。春种丝瓜幼苗生长期长、生长较慢，因此前期施肥应少施勤施，以浇施为主。第一次施肥在移栽后5～7天进行，每亩浇施2～3千克尿素冲水150千克，以后每隔15～20天浇施复合肥5千克浸出液150千克。在第一雌花出现后，进行第一次重施肥，每亩施氮、磷、钾复合肥15千克；开花结果后再重施肥1次，每亩施氮、磷、钾复合肥20千克；采收期后每采收2～3次追肥1次，每次每亩施氮、磷、钾复合肥10千克。

（四）水分管理

种植丝瓜要求有一定的灌水和排水条件。丝瓜生长期间应保持土壤湿润，植株开花结果期间，需水多，根系也较强，需加强灌溉。灌溉时建议使用滴灌，同时也要做好排水工作，以防受涝。

五、病虫害防治

（一）病害防治

疫病一般在丝瓜结瓜初期发生，果实膨大期为发病高峰期，高温多雨病害传播蔓延快，危害严重。土壤黏重、地势低洼、气候潮湿发病重。在田间一旦发现丝瓜疫病发生马上喷药控制，选用64%恶霜灵锰锌可湿性粉剂1 000倍液，或72%代森锰锌加霜脲氰可湿性粉剂800倍液，或代森锰锌可湿性粉剂800倍液喷洒防治；隔7～10天喷

1 次，连喷 3～4 次。

霜霉病在多雨、雾大、露重的高湿气候条件下，此病易发生流行，在田间一旦发现丝霜霉病马上喷药控制，可选用瑞毒霉可湿性粉剂 600 倍液、百菌清可湿性粉剂 800倍液喷洒防治，每隔 7～10 天用药一次，视病情连喷 3～4 次，注意叶面和叶背部均匀喷施，能达到较好的防治的效果。

白粉病发病原因，丝瓜地因通风不良、栽培密度过高、或者氮肥施用过多、地势低洼的田块发病较重。在田间一旦发现丝瓜白粉病发生马上喷药控制，用 20％粉锈宁乳油 2 000 倍液或百菌清可湿性粉剂 700 倍液喷洒防治；每隔 7～10 天用药一次，连喷 3～4 次。

（二）害虫防治

瓜绢螟幼虫从 5 月开始为害，7～9 月发生量大，为害最重。一旦发现瓜绢螟为害，可用 20％氯虫苯甲酰胺悬浮剂 2 000 倍液或苏云金杆菌制剂等喷杀。

7～8 月天气炎热，瓜实蝇（针蜂）容易发生，造成大量落果和烂果。一旦发现瓜实蝇为害，可用 20％氯虫苯甲酰胺悬浮剂 2 000 倍液或 1.8％阿维菌素乳油 1 500倍液喷杀。

六、适时采收嫩瓜

适时采收嫩瓜不仅能保持商品瓜的品质，而且还能防止化瓜，增加结瓜数，提高产量。丝瓜从雌花开放授粉，到采收嫩瓜，一般需 12～15 天。气温、水分不足时，常易失嫩或变老，则宜早收；气温适宜，水肥充足，可适当推迟采收。

第十二节 低海拔地区夏季香菇栽培技术

一、场地选择

宜选择沙质壤土、水源充足或地下水资源丰富、地势较高、四周空旷、排灌方便、电源稳定、交通便利之处，作为低海拔地区夏季香菇栽培场所。

二、品种选择

低海拔地区夏季栽培的香菇品种，应选择高温短菌龄并经过出菇栽培试验，具有优质、高产、抗逆性强的品种作为夏栽品种，如 L18、南山一号等。

三、栽培季节

低海拔地区夏季栽培香菇宜于 1～2 月制作栽培菌棒，5～11 月出菇。菌棒制作太迟会因气温回升快，杂菌繁殖活跃，菌袋易遭受杂菌侵染，影响成品率。另外，过迟制菌棒会因后期气温过高，超过适宜的香菇转色温度而致菌棒转色困难。

四、菌袋制作

（一）栽培基质

最好选择车木厂硬质原木加工后所剩材料加工成的木

屑，或是经专业加工的香菇栽培用硬木颗粒状木屑做栽培基质。用硬木屑做栽培基质具有出菇时间长、产量高等优点；少用或不用细粉状或轻质材质木屑做夏季香菇栽培用原料。栽培配方：硬质杂木屑 79％，麸皮 20％，石膏粉 1％。

（二）装袋

按配方将培养料搅拌均匀，加水至含水量 55％～60％。选用香菇栽培专用聚乙烯塑料袋（15 厘米×55 厘米×0.05 毫米）制作栽培料袋；采用装袋机装料，5 人一组，1 人负责装料，2 人负责套袋，2 人负责扎袋口和码堆。要求袋料装实、装紧，用扎口机封口，紧实牢固。

（三）灭菌

采用高压灭菌的料袋，需将料袋的一头扎一小孔，孔上粘贴一块透气纸质胶带，防止因高压灭菌放气时，袋内外压力差使料袋鼓胀而损坏。另外，由于聚乙烯塑料袋耐高温性不如聚丙烯料袋，所以在采用高压灭菌时，应严格控制压力，使压力控制在 0.12 千帕范围内，保持 4 小时。采用常压灭菌，灶内温度达到 100℃时，开始计时，并维持 100℃ 12 小时以上，停火后闷一夜，才能彻底杀灭各种杂菌。

（四）接种

灭菌完成，待锅内温度下降后，将料筒搬入清洁、干燥的接种室内散热；料筒温度降至 30℃时，放入接种用具、菌种等，按每立方米 6 克的二氯异氰尿酸钠气雾消毒剂的使用量，进行室内熏蒸杀菌；灭菌烟雾散去后，进入接种室，换上无菌衣帽，手涂 75％酒精，开始接种。接种流程：一人在料筒一平面上均匀扎孔 3 个，3 人接入菌种，2 人套外袋及菌袋摆放。要求：接种孔深度 1.5～2厘米；所接菌种块成形，菌种压入孔内后微高于袋孔平面并使袋孔周围薄膜下陷，使菌、膜接触紧实无缝隙。接种最好安排在晚上或是清晨进行，以保持清洁冷凉的接种环境，减少杂菌污染率。

（五）菌丝培养

接种完成后，将接种口朝上，放置在避光室内培养架上或码成堆进行控温培养，初期（1～6 天）室内保持温度 28℃左右。此阶段一般不通风，也不要翻动菌袋。7～10 天，控温 25℃，早晚各通风一次，每次 30 分钟。同时，进行第一次翻堆检查（以后每隔 7～10 天翻堆一次，温度控制在 25℃以下），将菌棒摆放成"井"字形，堆高8～10 层。当接种穴的菌丝生长到 3 厘米时，将外袋脱掉；香菇菌丝在袋内生长蔓延直径达到 8～10 厘米时，在接种孔周围用牙签扎 4 个深至 1 厘米的小孔，进行刺孔增氧；以后随着菌丝的生长，菌丝快长满菌袋时，每侧刺孔8～10 个，刺孔深度 1.5 厘米；菌棒出现瘤状物时，加大、加深刺孔，刺孔采用铁钉制成排钉朝菌袋三面拍打（接种穴一面不刺孔），深度 2 厘米左右，刺孔分两次进行，隔 5 天一次，一次刺孔 30～40 个；注意室温超过28℃时，要停止刺孔。菌棒培养期间，适时开启门窗，进行通风换气散热，保持室内空气新鲜，防止刺孔菌棒堆积，产生菌丝体生长代谢热的积聚，造成"烧菌"、缺氧而引起的菌丝死亡现象发生。为减少刺孔后菌袋水分散失，需加大培养室空气相对湿度至 70%～80%。

五、转色脱袋覆土

（一）荫棚搭建

低海拔地区夏季温度高，不利于香菇的生长，采用"双层遮阳网覆盖＋喷雾降温"法，可降低气温 5～8℃，使炎热的夏季畦床地温不增高，保持在 30℃以下，确保低海拔地区夏季香菇生产安全。荫棚具体搭建方法：采用脊高 3.5 米、肩高 1.8 米、跨度 8 米的非标准钢架大棚做外层遮阳网支撑骨架，其上，全面覆盖一层遮阳率为 95％的遮阳网；架上固定两行喷雾用塑料水管（水管与深水井抽水泵相连接）；内层采用 95％的遮阳网，宽 8 米，长度与棚同长；内遮阳搭建方法是：先将遮阳网两边固定在棚内肩高 1.8 米处，用事先绑缚在大棚架上的两排下吊铁丝穿过遮阳网，绑在可向上撑起的横杆上，便形成了双层离空的遮阳网荫棚。

在荫棚下，用毛竹或是镀锌钢管搭建两个相距 0.6 米、宽 3.3 米、脊高 2.2 米、肩高 1.8 米的人字形避雨棚，棚两端墙头不上膜，肩高以下薄膜不固定，可按需收放，维持良好的香菇生长环境。

（二）转色

转色是让菌筒表面形成一层棕褐色菌皮，起到保水和抗杂菌侵染的作用。正常情况下，在培养 50 天后，菌袋表面即会产生大量的瘤状物，由硬变软，棕色分泌物增多，进入转色期。

夏季栽培香菇可采用不脱袋方法转色，即将出现瘤状物的菌袋移入荫棚内，铺在地上进行培养，光照度要求在

300 勒克斯以上，温度控制在 18～24℃，空气湿度控制在 80%～85%，使菌袋自然变为棕褐色。也可采用脱袋覆湿土法进行转色，覆土厚度 1 厘米以上，经过 15～20 天即可完成转色。

（三）脱袋覆沙

1. 整畦　将 3.3 米宽的避雨棚，整成两畦，畦宽 1.4 米，畦高 0.15 米，畦沟 0.5 米；畦面整平成龟背形，待浇水下渗后，每亩撒施石灰粉 50～100 千克。畦周边留出空白处，将畦沟泥土铲至空白处做畦边。

2. 脱袋　出菇棚地温应稳定在 15℃以上，于晴天无风日进行脱袋，脱袋后接种穴朝上，摆放在畦内，两边横着排放，畦中间纵向排放，摆放后应及时覆盖沙土、布放喷水带，减少菌棒水分的散失。菌棒覆土后，要用水冲洗出菌棒 1/3 出菇面。若有塌陷处，要重新覆盖上沙土，并浇水，使菌棒四周与沙土接合紧实，以保持菌棒适宜水分及防止地下菇发生。

六、出菇

（一）出菇管理

菌棒转色覆土后，进入出菇阶段。低海拔地区覆土栽培香菇一般在 5～6 月出第一潮菇，此阶段气温是由低往高上升，夜间气温较低，昼夜温差大，对菇蕾分化有利。出菇后，菇蕾需进行人工疏蕾，每棒留菇 4～6 朵。当幼菇长至六七分成熟时及时采收。第一潮菇采收结束之后，应及时清除菌棒面上的残留物等杂质，用沙土填实畦面上所有缝隙，减少浇水量或停止浇水，降低菇床湿度，让菌丝恢复生长。待菇脚坑的菌丝发白时，可拉大昼夜温差，加强冷水浇灌，前两天要小水细喷、勤喷，每天 3～4 次，后 1～2 天菌筒表皮菌膜湿润，菌筒吸收一定水分后，可加大喷水量，刺激第二潮菇蕾发生；进入夏季高温期，菌棒管理以降温养菌为中心，自然出菇为主。当棚内气温达到 35℃以上时，需开启喷雾装置以降低气温，防止因高温天气的危害，引起菌丝死亡烂棒，造成无法挽回的损失。立秋以后，环境条件有利于菇蕾形成和香菇生长，应停止对菌棒的振动刺激，让其自然出菇。

（二）养菌管理

养菌阶段需减少浇水次数，使菌棒含水量降至 50%。水分管理：一是防止喷水过少造成菌棒失水表皮硬化，影响出菇；二是防止喷水过多，造成出菇，使养菌失败。养菌时间为 10～15 天，当菇脚坑发白，菌棒恢复弹性时养菌即可结束，进行下潮菇管理。

七、采收

夏季香菇采收标准是菌幕尚未完全破裂时采摘，一天采收 2～3 次；保持鲜菇外观清洁、朵形完整。采收后需立即包装储运或冷藏。注意第一潮菇采摘时，由于菌棒菌皮薄，易将菌体组织扯下一大块，使菌棒组织损坏，影响出菇。故采摘时，要一手摁住菌筒，一手持菇旋转后采下，以减少菌体组织损坏。

第五章
蔬菜高效栽培模式

第一节 "苋菜—丝瓜—芹菜"
大棚蔬菜栽培模式

浙江省衢州市常山县农作物技术推广站蔬菜专家张法全通过 3 年的试验示范，总结提出了"苋菜—丝瓜—芹菜"大棚蔬菜周年多茬高效种植模式。该种植模式适宜郊区设施栽培，要求土壤肥沃、排灌方便。

一、种植茬口与季节安排

见表 4。

表 4　种植茬口与季节安排

种植方式	种植种类	种植时期		
		播种	定植	采收期
大棚早春栽培	苋菜	1 月中下旬	直播	3 月中旬至 4 月中旬
大棚早春（与苋菜套种）	丝瓜	1 月中旬	3 月中旬	4 月底至 10 月中旬
大棚秋冬栽培	芹菜	9 月中旬	10 月下旬	12 月中下旬

二、预期产量及效益

见表5。

表5　预期产量及效益

作物	产量（千克/亩）	产值（元/亩）	净收入（元/亩）
苋菜	1 540	4 560	3 510
丝瓜	3 500	13 500	11 250
芹菜	4 250	5 720	4 630
全年合计	9 290	23 780	18 960

三、关键技术要点

（一）苋菜

1. 品种与用种量　金华一点红，亩用种量 500～600 克。

2. 整地施肥　播种前结合耕翻，亩施发酵猪粪肥 1 500 千克，石灰氮 40 千克，每亩再施过磷酸钙 50 千克、硫酸钾镁 25 千克，整平覆盖地膜 10 天后即可播种。播种后用 2.5 米无滴地膜平铺覆盖，2 叶 1 心转为小拱覆盖，苋菜是耐高温作物，一般温度（膜内 45℃左右）不需通风。

（二）丝瓜

1. 品种　衢丝一号。

2. 播种时间及育苗方式　播前用 50～60℃温水浸种 15 分钟，冷却后浸泡 6 小时，用清水洗净播种。育苗分两段育苗，第一段采用电加热无土基质播种育苗，第二段育为营养钵育苗：心叶时移入营养钵，每钵 2 株苗。

3. 栽培方式 标准大棚种 3 畦，畦中间种一行，穴距 80 厘米，每穴 2 株。

4. 田间管理

（1）肥水管理。丝瓜肥水管理原则是"以肥带水、以水促肥，水肥结合、平衡促进"和"低温时控水提高抗寒能力，高温时以水降低植株体内温度"。丝瓜苗期需水量不大，定植后浇 0.5% 复合肥 2 次。开始坐瓜后，结合追肥，每亩追施复合肥 15 千克，一般 7～10 天灌施一次肥水，一般温度越高，肥料浓度越低。

（2）适时吊蔓，植株调整。单行双定植，每穴 4 条蔓，采用拉链带双行吊蔓形成"V"形吊法，蔓距 4 厘米，吊蔓时间以看雌花出现且雌花大概在离地面 40 厘米左右吊蔓，2 米左右打顶，一般结 3～5 根/蔓，可充分利用大棚有限空间，提高前期产量。在第一批瓜采收结束时，在结瓜蔓上留 3 个侧蔓，把其余侧蔓抹掉，当侧蔓长到 5～6 片叶时打顶并摘去的老叶，此为第二批瓜。留蔓保留第一批蔓的一半，其余一半隔株剪掉，此为第三批瓜。

（3）保花保果。用座果灵喷幼瓜，可减少化瓜，显著提高坐瓜。气温高时浓度为每小包冲水 1.5 千克，低时冲水 0.75～1.0 千克，即可用喷壶喷雾，时间应在上午 8 时左右当天开花或第二天开花的幼瓜。

（4）虫害防治。瓜绢螟主要防治 2 代、3 代、4 代，每代用药 2 次。药剂：20% 氯虫苯甲酰胺悬浮剂 1 500 倍，或奥绿一号 750 倍液，或 2% 阿维菌素乳油 1 500 倍喷雾。

（三）芹菜

1. 品种 本地芹菜。

2. 苗地选择及苗床准备 芹菜夏播由于气温高，易造成苗弱抗逆性差。应尽可能选择地势高燥、浇水和排水方便、通风好、土质肥沃的土地且有薄膜覆盖的大棚内。播种前要施足底肥，深翻整平整细，高畦，畦宽 1.2～1.5 米。在播种前 1～2 天浇足水，待稍干后锄松畦面表土再播种。

3. 播种育苗 浸种催芽：由于芹菜种子细小，种皮较厚，催芽前先将种子放于 50～55℃ 水中浸种消毒，不断搅拌，使种子受热均匀，充分吸收水分（可杀灭种子表面的病菌）。20 分钟后取出，放于冷水中继续浸种，在 20～24 小时后，用手揉搓 2～3 次置于冰箱冷藏室（10℃左右），也可吊在井中距水面 30～40 厘米高处催芽，催芽适温为 20～22℃。待有 50％ 以上的种子萌发后播种。播种后用遮阳网覆盖育苗。

4. 种植密度 每亩定植 15 000～18 000 丛。

5. 肥水管理 芹菜需要足水足肥管理，一般基肥亩施腐熟有机肥料 1 500 千克，追肥可结合浇水每 5 天一次，少吃多餐，每次每亩 7.5 千克尿素加 3 千克复合肥。收获前 25 天可喷 2 次 20～40 毫克/升赤霉素。

6. 病虫防治 芹菜的主要病害有叶斑病、斑枯病、病毒病和菌核病等，害虫主要有蚜虫、美洲斑潜蝇等。

第二节 "春大白菜—夏豇豆—秋延番茄" 大棚蔬菜栽培模式

浙江省衢州市江山市淤头镇等地农民推广应用"大棚春大白菜—夏豇豆—秋延番茄"种植模式种植大棚蔬菜，

全年实现亩产值达 12 120 元。本种植模式适应平原地区设施栽培基地，要求土壤肥沃、排灌方便。

一、种植茬口与季节安排

见表6。

表6　种植茬口与季节安排

种植方式	种植种类	种植时期		
		播种期	定植期	采收期
大棚保温栽培	春大白菜	1月中下旬	2月中下旬	5月上旬
大棚避雨栽培	夏豇豆	5月上中旬	直播	6月底至8月上旬
大棚秋延栽培	秋番茄	7月下旬	8月中下旬	11月上至翌年2月中旬

二、预期产量及效益

见表7。

表7　预期产量及效益

作物	产量（千克/亩）	产值（元/亩）	净收入（元/亩）
春大白菜	3 120	3 744	3 240
夏豇豆	1 480	1 776	1 300
秋延番茄	3 304	6 600	5 500
全年合计	7 904	12 120	10 040

三、关键技术要点

（一）春大白菜

1. 品种　菊锦、阳春等。

2. 育苗　采用在大棚内营养钵育苗，出苗后尽量保持棚内夜温不低于 5℃，防止春化抽薹。

3. 种植密度　行距 40 厘米、株距 25 厘米移栽。亩栽 3 500 株。

4. 肥水管理　基肥亩施厩肥 3 500 千克，过磷酸钙 35 千克，氯化钾 15 千克。在莲座期末、结球期初每亩追施三元复合肥 15～20 千克，促叶球充实。

5. 病虫防治　主要有软腐病、霜霉病等，软腐病可选用 3‰中生菌素可湿性粉剂、菌克毒克防治，霜霉病可选用代森锰锌可湿性粉剂防治。

（二）夏豇豆

1. 品种　高产四号等品种。

2. 直播　行距 70 厘米，株距 20～25 厘米，每亩 4 000 穴以上，每穴播 3 粒，在 4 片真叶期前间苗定苗，每亩不少于 4 000 株。

3. 田间管理　由于夏季天气炎热干燥，秧苗吸收水肥快。田间管理的重点是浇水保湿，中午出现萎蔫时，肥少苗弱的情况要结合浇水施肥，肥足苗壮的酌情追肥。第一次采收高峰过后，常有发育减退、停止开花的"歇伏"现象，应结合浇水及时追施氮磷钾三元复合肥 15 千克，促使尽快形成第二次结荚高峰。

4. 病虫防治　主要有锈病、豆荚螟、蚜虫等，可选用粉锈宁、阿维菌素和吡虫啉等对口农药防治。

（三）秋延番茄

1. 品种　金刚石等。

2. 育苗　注意培育健壮无病秧苗，苗龄 30 天左右移栽。

3. 种植密度　行距 75 厘米，株距 30 厘米，亩栽 2 400 株。

4. 肥水管理 施足基肥，肥料施用注意控氮、稳磷、增钾，定植初期加强中耕和雨后排水工作，要适量灌水，防止高温高湿使幼苗徒长，促进早开花、早坐果。

5. 栽培管理 结4档果后打顶。后期低温来临时拔掉架材，放低植株，下垫塑料薄膜，再搭小拱棚双膜保温，促使番茄逐步成熟。在11月至翌年2月期间，分期分批上市。

6. 病虫防治 病害有病毒病、枯萎病和青枯病等，虫害有蚜虫、烟粉虱和斜纹夜蛾等，注意选用对应农药防治。

第三节 "长季节西瓜—芹菜"
大棚蔬菜栽培模式

浙江省衢州市江山市双塔街道农民充分利用大棚长季节西瓜栽培空闲的大棚设施，套种一茬冬春季芹菜，运用该模式种植取得亩产值10 548元的经济效益。现介绍如下：

一、立地条件

适宜于平原地区与大棚长季节栽培西瓜连作套种。

二、种植茬口与季节安排

见表8。

表8 种植茬口与季节安排

种植方式	种植种类	种植时期		
		播种期	定植期	采收期
大棚长季栽培	西瓜	1月下旬至2月上旬	3月上中旬	5月中旬至10月底
大棚越冬栽培	芹菜	9月上旬	11月上旬	翌年1月下旬

三、预期产量及效益

见表9。

表9　预期产量及效益

作物	产量（千克/亩）	产值（元/亩）	净收入（元/亩）
西瓜	6 890	8 544	4 443
芹菜	3 658	3 292	2 783
全年合计	10 548	11 836	7 226

四、关键技术要点

（一）长季节西瓜

1. 品种　新疆农业科学院选育的早佳8424品种。

2. 育苗　选用无病干燥园土、水稻土或取河泥做营养土，配施一定肥料，于1月底选择冷尾暖头将催芽处理过的种子播于营养钵中，盖好薄膜，加盖覆盖物，密闭大棚。白天保持棚温25℃，夜温保持在16℃以上，促进齐苗。齐苗后注意水分、温度管理，定植前5~7天进行炼苗。定植：瓜苗2叶1心至3叶1心时定植。定植时，要求棚内土温在10℃以上，气温在20℃以上，每亩栽植220~250株。

3. 栽培管理

（1）整枝。主藤60厘米左右开始整枝，去弱留壮，每株留2条粗壮侧藤，其余不断剪除，坐瓜后不再整枝。

（2）温度管理。定植后以保温为主，保持小拱棚内温度30~35℃。还苗后，棚温20℃以上，揭去小棚膜。棚温超过30℃，选择背风处开始大棚的通风降温。棚温超过 35℃时，应掌握逐步降温，防止降温过快造成伤苗。

4. 肥料施用 于缓苗后 7 天施提苗肥，每亩用尿素 5 千克兑水滴株。早施、淡施膨瓜肥。第一次膨瓜肥于幼瓜鸡蛋大时施用，亩用三元复合肥 10 千克、硫酸钾 5 千克，以后每隔 7～10 天施一次，用量同第一次。每采一次瓜后施一次壮瓜肥，然后再坐瓜。

5. 水分管理 生长前期一般不浇水，中后期气温高、干热，应适当浇水。

6. 病虫防治 病害主要有枯萎病、蔓枯病、疫病、白粉病，虫害主要有蓟马、蚜虫、美洲斑潜蝇。枯萎病用 70%敌磺酸钠可湿性粉剂 600～800 倍灌根，每穴不少于 500 毫升。疫病用 64%恶霜灵锰锌可湿性粉剂 500 倍液，蔓枯病用 43%戊唑醇悬浮剂 5 000 倍液，白粉病用 50%嘧菌酯干悬浮剂 3 000～4 000 倍液，或 25%乙嘧酚磺酸酯微乳剂 800～1 000 倍液；蓟马用 6%乙基多杀菌素悬浮剂 1 000～1 500 倍液，蚜虫用 2%阿维菌素乳油 1 000～1 500倍液，美洲斑潜蝇用 75%灭蝇胺水分散粒剂 2 000～2 500 倍液防治。

（二）芹菜

1. 品种 黄心芹、本地青芹等品种。

2. 育苗 种子应先浸种 12～24 小时后，放在冷凉处（吊于水井或放于冰箱内）催芽，3～4 天后有 80%种子出芽后播种。苗床宜选择在荫凉的地方，或采用遮阳网覆盖育苗。

3. 整地做畦 一般每个毛竹瓜棚做 3 畦，畦宽 1.2 米，沟宽 0.35 米。11 月上中旬定植，株行距为（10～

12）厘米×（15～18）厘米。

4. 肥水管理　定植后要保持土壤湿润，促进成活，生长中后期要经常保持土壤湿润状态，促进芹菜生长。因西瓜大棚栽培用肥较多，西瓜采收后瓜田较肥，后茬种植芹菜应适当少施肥料，追肥应勤追淡施，注意施用适量硼肥（亩施 0.5～0.7 千克硼酸）。

5. 栽培管理　当外界夜温低于 10℃时覆盖大棚膜保温促长，上市前 10～15 天喷施 30～40 毫克/升赤霉素溶液。

6. 病虫防治　病害主要是叶斑病、根结线虫病，叶斑病发病初期可用 50％异菌脲悬浮液剂 1 000 倍液防治，根结线虫病发病初期可用 50％辛硫磷乳油 1 000 倍液灌根，每穴灌药液 250～300 毫升。

第四节　"早春西葫芦—夏芹菜—秋延后辣椒"大棚蔬菜栽培模式

浙江省衢州市开化县城关镇十里铺村农民推广应用"早春西葫芦—夏芹菜—秋延后辣椒"模式种植大棚蔬菜，他们严格按照无公害标准生产，年年都稳产、优质、高效。现介绍如下：

一、立地条件

该模式适合平原及低海拔丘陵地区栽培。

二、种植茬口与季节安排

见表 10。

表 10　种植茬口与季节安排

种植方式	种植种类	种植时期		
		播种	定植	采收期
大棚春提早栽培	西葫芦	1 月	2 月至 3 月上旬	3 月下旬至 5 月上旬
大棚避雨遮阳栽培	芹菜	4 月中旬	5 月下旬	6 月下旬至 7 月
大棚秋延后栽培	辣椒	7 月下旬	8 月下旬	9 月下旬至 12 月

三、预期产量及效益

见表 11。

表 11　预期产量及效益

作物	产量（千克/亩）	产值（元/亩）	净收入（元/亩）
西葫芦	2 120	4 091	3 182
芹菜	1 288	5 152	4 167
辣椒	1 364	6 818	5 000
全年合计	4 772	16 061	12 349

四、关键技术要点

（一）早春西葫芦

1. 品种　早青一代等。

2. 育苗　大棚内搭建小拱棚并利用营养钵播种育苗。播前温汤浸种。当苗有 4～5 片真叶，苗龄 35～40 天时定植，定植前 5～7 天进行降温炼苗。

3. 种植密度　每亩定植 2 000～2 200 株。

4. 温度调控　定植后一周闭棚保温，遇低温时多层覆盖。缓苗后适当通风降温，坐瓜后则适当提高棚温。后期气温升高可加大通风量并逐渐拆除裙膜。

5. 促花促果 生长早期可用 30 毫克/升 2，4-D 液点花，中后期采用每天上午人工授粉。

6. 肥水管理 亩施腐熟有机肥料 2 500 千克，复合肥 50 千克做基肥。根瓜及第二条瓜膨大时结合浇水各追肥一次，亩施复合肥 15 千克，以后视采收情况追施。

7. 病虫害防治 霜霉病可用 25％甲霜灵 500 倍液、75％百菌清可湿性粉剂 600 倍液；白粉病可用 50％多菌灵可湿性粉剂 600 倍液、40 ％氟硅唑乳油 800 倍液；红蜘蛛可用 20％丁硫克百威乳油 2 000 倍液喷雾防治。

（二）夏芹菜

1. 品种 津南实芹、玻璃脆芹和正大脆芹等。

2. 育苗 播前浸种催芽。先在清水中浸 24 小时，晾干后再用湿纱布包好置冰箱 5℃下处理，每天翻洗 1 次，当有 60％种子"露白"即可播种。秧苗有 5～6 片真叶、苗龄 40 天时定植。

3. 定植密度 每亩定植 18 000～20 000 株。

4. 遮阳避雨 采用网膜覆盖。遮阳网早盖晚揭，并随气温升高，逐渐增加覆盖时间。

5. 肥水管理 亩施腐熟有机肥料 2 500 千克，尿素 20 千克，过磷酸钙 60 千克做基肥。定植成活后，小水勤浇，薄肥勤施，保持土壤湿润，有条件可使用微喷设施。梅汛期则应做到雨停不见明水。追肥以尿素、人粪尿为主，可结合叶面肥，还可喷施 2～3 次速溶性硼肥。后期可追施氯化钾 15 千克/亩。

6. 应用生长调节剂　采收前两周可用 80 毫克/升赤霉素喷洒植株。

7. 病虫害防治　主要有斑枯病、叶斑病，可用 50％多菌灵可湿性粉剂 600 倍液、75％百菌清可湿性粉剂 600 倍液；病毒病可用 20％病毒 A500 倍液喷雾防治；软腐病可用新植霉素 3 000 倍液浇根；蚜虫可用 10％吡虫啉乳油 1 000 倍液，2％阿维菌素乳油 1 500 倍液防治。

（三）秋延后辣椒

1. 品种　弄口早椒、洛椒 7 号和采风一号等。

2. 育苗　大棚内进行，遮阳网覆盖降温防雨。播前温汤浸种，再用 10％磷酸三钠浸 25 分钟钝化病毒。苗龄 30 天、8～10 片真叶时定植。

3. 定植密度　每亩定植 3 500 株。

4. 温度调控　前期遮阳网覆盖降温保湿。当白天温度稳定在 28℃ 以下揭除遮阳网。当外界夜温小于 15℃，扣棚保温，小于 10℃ 则应加盖小拱棚。随气温下降，白天逐渐缩短通风量。

5. 保花保果　开花时可用 30 毫克/升防落素喷花。

6. 肥水管理　亩施腐熟有机肥料 2 000 千克，复合肥 50 千克做基肥。前期勤浇水，并根据秧苗长势追施 1～2 次稀薄人粪尿。扣棚后以保持土壤不发白为宜。门椒对椒坐稳后及时追肥，以复合肥为主，亩施 15 千克，并可结合叶面追肥。采收后每隔两周亩追施复合肥 10 千克。

7. 病虫害防治　病毒病可用 20％病毒 A 500 倍液；炭疽病可用 50％异菌脲可湿性粉剂 1 000 倍液；菌核病可用 70％甲基托布津可湿性粉剂 800 倍液喷雾防治。疫病可用58％甲霜灵锰锌可湿性粉剂、64％恶霜灵锰锌可湿性粉剂及氢氧化铜46％水分散粒剂500倍液喷雾、800倍液灌根。蛀果害虫可用5％氯虫苯甲酰胺悬乳剂2 000倍液防治。

第五节 "春夏季苦瓜—秋延小尖椒" 大棚蔬菜栽培模式

浙江省衢州市衢江区莲花镇菜农在衢州市郊承包土地30亩种植大棚蔬菜，种植模式为"大棚春夏苦瓜—秋延小尖椒"，年亩产值达16 107元。现介绍如下：

一、立地条件

本植模式适应平原地区设施栽培基地，要求土壤肥沃、排灌方便。

二、种植茬口与季节安排

见表12。

表12 种植茬口与季节安排

种植方式	种植种类	种植时期		
		播种期	定植期	采收期
大棚保温栽培	春夏苦瓜	1月上中旬	2月中旬	5月上旬至7月上旬
大棚秋延栽培	秋延小尖椒	7月下旬	8月中下旬	10月上旬至12月中旬

三、预期产量及效益

见表13。

表 13 预期产量及效益

作物	产量（千克/亩）	产值（元/亩）	净收入（元/亩）
春夏苦瓜	4 775	11 937	7 240
秋延小尖椒	1 604	4 170	2 100
全年合计	6 379	16 107	9 340

四、关键技术要点

（一）春夏季苦瓜

1. 品种 我国台湾农友青皮苦瓜。

2. 育苗 选用无病干燥园土、水稻土或取河泥做营养土，配施一定肥料，于1月中下旬选择冷尾暖头将催芽处理过的种子播于营养钵中，盖好薄膜，加盖覆盖物，密闭大棚。白天保持棚温25℃，夜温16℃以上，促进齐苗。齐苗后注意水分、温度管理，定植前5～7天进行炼苗。

3. 定植 瓜苗2叶1心至3叶1心时定植。定植时，要求棚内土温10℃以上，气温20℃以上。

4. 种植密度 行距200厘米，株距250厘米移栽。亩栽120株。

5. 栽培管理

（1）整枝。主藤50厘米左右开始整枝，去弱留壮，每株留2条粗壮侧蔓上藤，其余不断剪除，坐瓜后不再整枝。

（2）温度管理。定植后以保温为主，保持小拱棚内温度30～35℃。还苗后，棚温20℃以上，揭去小棚膜。棚温超过30℃，打开大棚裙膜通风降温。

6. 肥水管理

（1）肥料施用。于还苗后7天施提苗肥，每亩用尿素

5千克兑水滴株。早施、淡施膨瓜肥。第一次膨瓜肥于幼瓜鸡蛋大时施用，亩用三元复合肥10千克、硫酸钾5千克，以后每隔7~10天施一次，用量同第一次。

（2）水分管理。生长前期一般不浇水，中后期气温高、干热，应适当浇水。

7. 病虫防治　病害主要有枯萎病、蔓枯病、疫病、白粉病，虫害主要有蓟马、蚜虫、美洲斑潜蝇。枯萎病用70％敌磺酸钠可湿性粉剂600~800倍灌根，每穴不少于500毫升。疫病用64％恶霜灵锰锌可湿性粉剂500倍液，蔓枯病用43％戊唑醇悬浮剂5 000倍液，白粉病用50％醚菌酯干悬浮剂3 000~4 000倍液或25％乙嘧酚磺酸酯微乳剂800~1 000倍液；蓟马用6％乙基多杀菌素悬浮剂1 000~1 500倍液，蚜虫用2％阿维菌素乳油1 000~1 500倍液，美洲斑潜蝇用75％灭蝇胺水分散粒剂2 000~2 500倍液防治。

（二）秋延小尖椒

1. 品种　弄口早椒、采风一号等。

2. 育苗　大棚内进行，遮阳网覆盖降温防雨。播前温汤浸种，再用10％磷酸三钠浸25分钟钝化病毒。苗龄30~35天、8~10片真叶时定植。

3. 定植密度　每亩定植3 500株。

4. 温度调控　前期遮阳网覆盖降温保湿。当白天温度稳定在28℃以下揭除遮阳网。当外界夜温小于15℃，晚上扣棚保温，小于10℃则应加盖小拱棚。随气温下降，白天逐渐缩短通风量。

5. 保花保果　开花时可用30毫克/升防落素喷花。

6. 肥水管理 亩施腐熟有机肥料2 000千克，复合肥50千克做基肥。前期勤浇水，并根据秧苗长势追施1～2次稀薄人粪尿。扣棚后以保持土壤不发白为宜。门椒对椒坐稳后及时追肥，以复合肥为主，亩施15千克，并可结合叶面追肥。采收后每隔两周亩追施复合肥10千克。

7. 病虫害防治 病毒病可用20%病毒A 500倍液；炭疽病可用50%咪鲜胺锰盐可湿性粉剂1 000～1 500倍液、50%异菌脲可湿性粉剂1 000倍液；菌核病可用70%甲基托布津可湿性粉剂800倍液喷雾防治。疫病可用58%甲霜灵锰锌可湿性粉剂、64%恶霉灵锰锌可湿性粉剂及氢氧化铜46%水分散粒剂500倍液喷雾、800倍液灌根。蛀果害虫可用5%氟虫腈悬浮剂2 000倍液防治。

第六节 "冬春甘蓝—夏秋黄瓜" 山地蔬菜栽培模式

浙江省衢州市常山县芳村镇岩背村部分农民种植山地蔬菜，其中应用"冬春甘蓝—夏秋黄瓜"模式亩产值达14 682元，经济效果显著。现介绍如下：

一、立地条件

适宜山区的种植模式，海拔高度350～500米区域种植。

二、种植茬口与季节安排

见表14。

表 14　种植茬口与季节安排

种植方式	种植种类	种植时期		
		播种	定植	采收期
冬春加工型栽培	包心菜	11 月上旬	2 月中旬	5 月下旬至 6 月上旬
山区露地栽培	黄瓜	6 月下旬至 7 月上旬	直播	8 月上旬至 10 月下旬

三、技术原理

一是利用山区冬春季气候条件，发展加工甘蓝，提高土地利用率，夏季山区自然生态、气候等条件种植黄瓜，有效克服夏季高温障碍，为黄瓜的生长发育提供必要条件，确保盛夏黄瓜的正常生长和夏秋季节淡季上市。

二是利用不同种类间蔬菜接茬栽培，有效地克服连续种植同一类作物引起的连作障碍，有利于减少作物土传病害的发生。

三是充分利用夏季山区气候资源，提高土地资源的利用率，从而提高山区山地蔬菜生产效益。

四、预期产量及效益

见表 15。

表 15　预期产量及效益

作物	产量（千克/亩）	产值（元/亩）	净收入（元/亩）
包心菜（加工订单）	5 000	2 000	1 300
黄瓜	8 500	12 000	7 000
全年合计	13 500	14 000	8 300（不包括用工）

五、关键技术要点

(一)春甘蓝（包心菜）

1. 品种　京丰1号。

2. 育苗　选用近年未种过十字花科蔬菜和油菜、无病虫源的稻田土做苗床，用腐熟农家肥2 000千克/亩、钙镁磷肥30千克/亩，作为苗床基肥。11月上旬播种，当幼苗达到2～3片真叶时，及时间苗。2月中旬定植。

3. 种植密度　每亩定植1 800~2 000株。

4. 肥水管理　亩施碳铵30千克，纯酸过磷酸钙40千克，根据生长状况及时追施苗肥，亩施10千克复合肥加尿素10千克，结球肥每亩25千克尿素加10千克尿素。

5. 环境调控　因山区气温较低，最低可达－10℃以下，当气温低于0℃时要用小拱棚覆盖苗床，加强夜间保温防冻。

6. 栽培管理　加强田间清沟排水，防止田间积水，适时中耕锄草。

7. 病虫防治　主要病害有霜霉病，用50%多菌灵可湿性粉剂600倍液。主要虫害有蚜虫、菜青虫，蚜虫用10%吡虫啉可湿性粉剂1 500倍液；菜青虫用5%氯虫苯甲酰胺悬乳剂1 500倍或1.8%阿维菌素乳油1 000倍喷雾防治。

(二)夏秋黄瓜

1. 品种　津优4号、中农8号等。

2. 播种　播前用55℃温汤浸种15分钟，25～30℃恒温条件下催芽20小时即可直接播种于大田。

3. 栽培方式 高畦深沟，畦连沟 1.4 米，畦宽 0.9 米，沟宽 0.5 米，沟深 0.3 米，每畦种 2 行。

4. 播种密度 每亩定植 2 500～2 800 株。

5. 肥水管理 播种后，浇施 10％腐熟人粪尿并加入 40％新农宝（毒死蜱）1 500 倍和多菌灵可湿性粉剂 1 000 倍。3～4 叶时中耕培土除草一次，并追施少量人粪尿加 0.5％复合肥一次，并铺草覆盖降温保湿。黄瓜膨大初期开始追施复合肥，每亩 15 千克结合浇水施入。以后每隔 5～7 天追施一次复合肥，但每次施肥掌握肥淡水足，达到施肥与灌溉相互结合。同时，结合治虫防病喷施叶面微肥，补充微量元素。

6. 栽培管理 植株吐须时，及时搭架，并根据植株长势随时绑蔓，勤施薄肥，及时清沟排渍。

7. 病虫防治 采取预防与防治相结合。虫害主要有蚜虫、瓜绢螟等，药剂用 10％吡虫啉可湿性粉剂 2 000 倍、5％氯虫苯甲酰胺悬乳剂 1 500 倍、2％甲维盐水分散粒剂 1 500 倍、2％阿维菌素乳油 1 500 倍交替使用；病害主要是细菌性叶斑病、霜霉病、病毒病和细菌性角斑病。防治药剂细菌性叶斑病、细菌性角斑以 3％中生菌素可湿性粉剂 1 000 倍或铜制剂等；霜霉病以 60％恶霜灵锰锌可湿性粉剂 800 倍、75％百菌清可湿性粉剂 800 倍、70％丙森锌可湿性粉剂 700 倍。

参　考　文　献

程萱，2010. 衢江区发展大棚蔬菜的调查与思考［J］. 农技服务，27
　（2）：289 - 289.

高华池，2012. 温度对蔬菜生长发育的影响［J］. 吉林蔬菜（3）：
　22 - 22.

李朝森，刘慧琴，刘卫华，等，2016. 白辣椒新品种衢椒1号［J］.
　农村百事通，1（7）：19 - 20.

李朝森，刘慧琴，章心惠，等，2012. 秋季辣椒设施栽培新品种——
　衢椒1号［J］. 长江蔬菜（9）：22 - 23.

李朝森，项小敏，章心惠，等，2013. 衢州土培软化水芹优质丰产栽
　培技术［J］. 长江蔬菜（11）：34 - 35.

李朝森，章心惠，刘慧琴，等，2015. 早春蔬菜育苗管理要点［J］.
　上海蔬菜（2）：26 - 27.

刘慧琴，章心惠，李朝森，等，2009. 龙游白辣椒的特征特性及栽培
　要点［J］. 浙江农业科学（1）：44 - 45.

刘慧琴，章心惠，李朝森，等，2012. 白辣椒新品种衢椒1号的选育
　［J］. 中国蔬菜，1（6）：102 - 103.

刘慧琴，章心惠，李朝森，等，2015. 3个优良樱桃番茄品种的种植
　表现及栽培技术［J］. 上海蔬菜（2）：25 - 25.

毛土有，刘慧琴，姜家彪，等，2011. 江山市辣椒工厂化无土栽培品
　种比较试验［J］. 中国园艺文摘，27（10）：30 - 31.

吴秀洪，2015. 高山四季豆高产栽培技术［J］. 上海蔬菜（2）：
　28 - 28.

项小敏，章心惠，李朝森，等，2013. 旱作水芹—莲藕水旱高效轮作
　模式［J］. 长江蔬菜（18）：158 - 159.

项小敏，章心惠，刘慧琴，等，2014. 衢州市水生蔬菜生产现状及发

展对策［J］. 上海蔬菜（6）：6-7.

项小敏，章心惠，刘慧琴，等，2015. 衢州水芹浅水留种湿地育苗技术［J］. 上海蔬菜（6）：29-30.

张富仙，汪惠芳，章心惠，等，2011. 西葫芦圆葫1号的选育及栽培技术［J］. 浙江农业科学（3）：490-492.

张富仙，余文慧，汪惠芳，等，2012. 西葫芦新品种——圆葫2号［J］. 蔬菜（9）：34-35.

章心惠，刘慧琴，李朝森，等，2007. 衢州市山地蔬菜生产现状及发展对策［J］. 江西农业学报，19（05）：157-158.

章心惠，刘慧琴，李朝森，等，2014. 辣椒新品种玉龙椒的选育［J］. 中国蔬菜，1（7）：52-53.

章心惠，袁小龙，郑国珍，2008. 高山四季豆高产栽培技术［J］. 上海农业科技（5）：78-79.

章心惠，袁小龙，郑国珍，等，2008. 菜地病虫害统防统治技术［J］. 上海农业科技（6）.

章心惠，张法全，李朝森，2010. 大棚春夏季苦瓜—秋延小尖椒高效栽培技术［J］. 长江蔬菜（21）：12-13.

章心惠，郑校平，郭勤卫，2015. 丘陵山区露地蔬菜高效种植模式［J］. 中国果菜（10）：52-54.

章心惠，周成丽，洪新耀，2013. 大棚早春西葫芦—夏芹菜—秋延后辣椒高产高效种植模式［J］. 上海蔬菜（4）：51-52.

章心惠，周成丽，袁小龙，等，2009. 大棚冬春蔬菜瓜果秧苗管理要点［J］. 上海农业科技（4）：123-123.

赵东风，项小敏，李朝森，等，2014. 浙西地区露地丝瓜高产栽培技术［J］. 长江蔬菜（3）：35-36.

赵东风，项小敏，章心惠，等，2015. 草莓苗田杂草防治试验初报［J］. 上海蔬菜（5）：84-85.

赵东风，项小敏，章心惠，等，2015. 大棚草莓栽培技术［J］. 上海蔬菜（2）：71-73.

赵东风，章心惠，郭勤卫，等，2015.衢州地区芹菜品种对比试验
　［J］.上海蔬菜（1）：21-22.

赵东风，章心惠，郭勤卫，等，2015.浙西地区露地芹菜栽培技术
　［J］.上海蔬菜（3）：29-30.

图书在版编目（CIP）数据

蔬菜高产高效生产管理技术／章心惠主编 . —北京：
中国农业出版社，2016.8（2017.9 重印）
蔬菜标准化生产培训教材
ISBN 978-7-109-22097-3

Ⅰ.①蔬… Ⅱ.①章… Ⅲ.①蔬菜园艺－技术培训－
教材 Ⅳ.①S63

中国版本图书馆 CIP 数据核字（2016）第 208196 号

中国农业出版社出版
（北京市朝阳区麦子店街 18 号楼）
（邮政编码 100125）
责任编辑 冀 刚

中国农业出版社印刷厂印刷 新华书店北京发行所发行
2016 年 8 月第 1 版 2017 年 9 月北京第 2 次印刷

开本：850mm×1168mm 1/32 印张：4.125
字数：100 千字
定价：15.00 元
（凡本版图书出现印刷、装订错误，请向出版社发行部调换）